U0382216

本项目由深圳市宣传文化事业发展专项基金资助

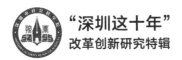

"深圳这十年"
改革创新研究特辑

这十年

深圳

新时代生态文明思想的深圳实践

袁易明　袁竑源　刘畅　等◎著

中国社会科学出版社

图书在版编目（CIP）数据

新时代生态文明思想的深圳实践／袁易明等著 . —北京：
中国社会科学出版社，2023.2（2023.7重印）
（"深圳这十年"改革创新研究特辑）
ISBN 978 - 7 - 5227 - 1235 - 2

Ⅰ.①新…　Ⅱ.①袁…　Ⅲ.①生态环境建设—研究—
深圳　Ⅳ.①X321.265.3

中国国家版本馆 CIP 数据核字（2023）第 015515 号

出 版 人	赵剑英	
责任编辑	黄　晗	
责任校对	赵雪姣	
责任印制	王　超	

出　　　版	中国社会科学出版社	
社　　　址	北京鼓楼西大街甲 158 号	
邮　　　编	100720	
网　　　址	http://www.csspw.cn	
发 行 部	010 - 84083685	
门 市 部	010 - 84029450	
经　　　销	新华书店及其他书店	

印　　　刷	北京明恒达印务有限公司	
装　　　订	廊坊市广阳区广增装订厂	
版　　　次	2023 年 2 月第 1 版	
印　　　次	2023 年 7 月第 2 次印刷	

开　　　本	710×1000　1/16	
印　　　张	16	
字　　　数	229 千字	
定　　　价	106.00 元	

主要作者简介

袁易明，经济学博士，深圳大学中国经济特区研究中心教授，人口、资源与环境经济学学科带头人。长期致力于产业发展、结构演进与政策研究。近年来主持世界银行、教育部、水利部、环保部等委托课题25项，完成深圳市政府重大政策课题报告35个，其中主持完成的非洲开发银行课题报告已经成为非洲国家建设经济特区的蓝本。出版《资源约束与产业结构演进》等学术著作15部，在《经济研究》《经济学动态》等学术期刊发表论文一百余篇，其中多篇论文被《新华文摘》、人大复印报刊资料等全文转载。

袁竑源，深圳大学中国经济特区研究中心理论经济学博士研究生。主要研究方向为企业创新、产业发展、经济增长与政府政策。发表学术论文三篇，参与深圳市政府重大政策课题报告十余项。

刘畅，经济学博士，深圳大学博士后，深圳市汉仑绿色发展研究院高级研究员，深圳市奥斯科尔电子有限公司战略顾问，深圳市高层次人才。主要从事经济增长与创新转型、产业与空间关系研究，城市发展前瞻与产业策略咨询。在《经济学动态》《经济社会体制比较》等期刊发表论文十余篇，近年主持国家社科基金课题一项、中国博士后科学基金项目一项，主笔完成深圳市政策研究、产业规划报告五十余份。

内容简介

　　本书构建并运用思想（理论）—实践—成效—经验研究范式，建立习近平生态文明思想指导深圳实践、实践创造发展成就、发展成就产生一般性可借鉴经验的逻辑分析结构，通过数据呈现、计量模型、案例剖析等研究方法，从深圳在习近平生态文明思想指导下的实践来回答生态环境与经济增长关系是如何实现由替代到协同的跨越；从发展中国家的事实分析来揭示生态环境与经济增长替代关系的广泛存在；从深圳实现经济增长与环境优化的协同轨迹来总结提炼深圳的实践经验及其价值意义。本书从世界的"中国智慧"与中国的"深圳模式"两个维度进行了系统阐述与分析，为迫切打破生态环境与经济增长悖论的城市提供了理论与实践依据。

突出改革创新的时代精神

在人类历史长河中，改革创新是社会发展和历史前进的一种基本方式，是一个国家和民族兴旺发达的决定性因素。古今中外，国运的兴衰、地域的起落，莫不与改革创新息息相关。无论是中国历史上的商鞅变法、王安石变法，还是西方历史上的文艺复兴、宗教改革，这些改革和创新都对当时的政治、经济、社会甚至人类文明产生了深远的影响。但在实际推进中，世界上各个国家和地区的改革创新都不是一帆风顺的，力量的博弈、利益的冲突、思想的碰撞往往伴随着改革创新的始终。就当事者而言，对改革创新的正误判断并不像后人在历史分析中提出的因果关系那样确定无疑。因此，透过复杂的枝蔓，洞察必然的主流，坚定必胜的信念，对一个国家和民族的改革创新来说就显得极其重要和难能可贵。

改革创新，是深圳的城市标识，是深圳的生命动力，是深圳迎接挑战、突破困局、实现飞跃的基本途径。不改革创新就无路可走、就无以召唤。作为中国特色社会主义先行示范区，深圳肩负着为改革开放探索道路的使命。改革开放以来，历届市委、市政府以挺立潮头、敢为人先的勇气，进行了一系列大胆的探索、改革和创新，不仅使深圳占得了发展先机，而且获得了强大的发展后劲，为今后的发展奠定了坚实的基础。深圳的每一步发展都源于改革创新的推动；改革创新不仅创造了深圳经济社会和文化发展的奇迹，而且使深圳成为"全国改革开放的一面旗帜"和引领全国社会主义现代化建设的"排头兵"。

从另一个角度来看，改革创新又是深圳矢志不渝、坚定不移的命运抉择。为什么一个最初基本以加工别人产品为生计的特区，变成了一个以高新技术产业安身立命的先锋城市？为什么一个最初大学稀缺、研究院所数量几乎是零的地方，因自主创新而名扬天下？原因很多，但极为重要的是深圳拥有以移民文化为基础，以制度文化为保障的优良文化生态，拥有崇尚改革创新的城市优良基因。来到这里的很多人，都有对过去的不满和对未来的梦想，他们骨子里流着创新的血液。许多个体汇聚起来，就会形成巨大的创新力量。可以说，深圳是一座以创新为灵魂的城市，正是移民文化造就了这座城市的创新基因。因此，在经济特区发展历史上，创新无所不在，打破陈规司空见惯。例如，特区初建时缺乏建设资金，就通过改革开放引来了大量外资；发展中遇到瓶颈压力，就向改革创新要空间、要资源、要动力。再比如，深圳作为改革开放的探索者、先行者，向前迈出的每一步都面临着处于十字路口的选择，不创新不突破就会迷失方向。从特区酝酿时的"建"与"不建"，到特区快速发展中的姓"社"姓"资"，从特区跨越中的"存"与"废"，到新世纪初的"特"与"不特"，每一次挑战都考验着深圳改革开放的成败进退，每一次挑战都把深圳改革创新的招牌擦得更亮。因此，多元包容的现代移民文化和敢闯敢试的城市创新氛围，成就了深圳改革开放以来最为独特的发展优势。

40 多年来，深圳正是凭着坚持改革创新的赤胆忠心，在汹涌澎湃的历史潮头劈波斩浪、勇往向前，经受住了各种风浪的袭扰和摔打，闯过了一个又一个关口，成为锲而不舍的走向社会主义市场经济和中国特色社会主义的"闯将"。从这个意义上说，深圳的价值和生命就是改革创新，改革创新是深圳的根、深圳的魂，铸造了经济特区的品格秉性、价值内涵和运动程式，成为深圳成长和发展的常态。深圳特色的"创新型文化"，让创新成为城市生命力和活力的源泉。

我们党始终坚持深化改革、不断创新，对推动中国特色社会主义事业发展、实现中华民族伟大复兴的中国梦产生了重大而深远的影响。新时代，我国迈入高质量发展阶段，要求我们不断解放思想，坚持改革创新。深圳面临着改革创新的新使命和新征程，市委市政府推出全面深化改革、全面扩大开放综合措施，肩负起创建社会主义现代化强国的城市范例的历史重任。

如果说深圳前40年的创新，主要立足于"破"，可以视为打破旧规矩、挣脱旧藩篱，以破为先、破多于立，"摸着石头过河"，勇于冲破计划经济体制等束缚；那么今后深圳的改革创新，更应当着眼于"立"，"立"字为先、立法立规、守法守规，弘扬法治理念，发挥制度优势，通过立规矩、建制度，不断完善社会主义市场经济制度，推动全面深化改革、全面扩大开放，创造新的竞争优势。在"两个一百年"历史交汇点上，深圳充分发挥粤港澳大湾区、深圳先行示范区"双区"驱动优势和深圳经济特区、深圳先行示范区"双区"叠加效应，明确了"1＋10＋10"工作部署，瞄准高质量发展高地、法治城市示范、城市文明典范、民生幸福标杆、可持续发展先锋的战略定位持续奋斗，建成现代化国际化创新型城市，基本实现社会主义现代化。

如今，新时代的改革创新既展示了我们的理论自信、制度自信、道路自信，又要求我们承担起巨大的改革勇气、智慧和决心。在新的形势下，深圳如何通过改革创新实现更好更快的发展，继续当好全面深化改革的排头兵，为全国提供更多更有意义的示范和借鉴，为中国特色社会主义事业和实现民族伟大复兴的中国梦做出更大贡献，这是深圳当前和今后一段时期面临的重大理论和现实问题，需要各行业、各领域着眼于深圳改革创新的探索和实践，加大理论研究，强化改革思考，总结实践经验，作出科学回答，以进一步加强创新文化建设，唤起全社会推进改革的勇气、弘扬创新的精神和实现梦想的激情，形成深圳率先改革、主动改革的强大理论共识。比如，近些年深圳各行业、各领域应有什么重要的战略调整？各区、各单位在改革创新上取得什么样的成就？这些成就如何在理论上加以总结？形成怎样的制度成果？如何为未来提供一个更为明晰的思路和路径指引？等等，这些颇具现实意义的问题都需要在实践基础上进一步梳理和概括。

为了总结和推广深圳的重要改革创新探索成果，深圳社科理论界组织出版《深圳改革创新丛书》，通过汇集深圳各领域推动改革创新探索的最新总结成果，希冀助力推动形成深圳全面深化改革、全面扩大开放的新格局。其编撰要求主要包括：

首先，立足于创新实践。丛书的内容主要着眼于新近的改革思维与创新实践，既突出时代色彩，侧重于眼前的实践、当下的总结，同时也兼顾基于实践的推广性以及对未来的展望与构想。那些已经产生重要影响并广为人知的经验，不再作为深入研究的对象。这并不是说那些历史经验不值得再提，而是说那些经验已经沉淀，已经得到文化形态和实践成果的转化。比如说，某些观念已经转化成某种习惯和城市文化常识，成为深圳城市气质的内容，这些内容就可不必重复阐述。因此，这套丛书更注重的是目前行业一线的创新探索，或者过去未被发现、未充分发掘但有价值的创新实践。

其次，专注于前沿探讨。丛书的选题应当来自改革实践最前沿，不是纯粹的学理探讨。作者并不限于从事社科理论研究的专家学者，还包括各行业、各领域的实际工作者。撰文要求以事实为基础，以改革创新成果为主要内容，以平实说理为叙述风格。丛书的视野甚至还包括那些为改革创新做出了重要贡献的一些个人，集中展示和汇集他们对于前沿探索的思想创新和理念创新成果。

第三，着眼于解决问题。这套丛书虽然以实践为基础，但应当注重经验的总结和理论的提炼。入选的书稿要有基本的学术要求和深入的理论思考，而非一般性的工作总结、经验汇编和材料汇集。学术研究需强调问题意识。这套丛书的选择要求针对当前面临的较为急迫的现实问题，着眼于那些来自于经济社会发展第一线的群众关心关注的瓶颈问题的有效解决。

事实上，古今中外有不少来源于实践的著作，为后世提供着持久的思想能量。撰著《旧时代与大革命》的法国思想家托克维尔，正是基于其深入考察美国的民主制度的实践之后，写成名著《论美国的民主》，这可视为从实践到学术的一个范例。托克维尔不是美国民主制度设计的参与者，而是旁观者，但就是这样一位旁观者，为西方政治思想留下了一份经典文献。马克思的《法兰西内战》，也是一部来源于革命实践的作品，它基于巴黎公社革命的经验，既是那个时代的见证，也是马克思主义的重要文献。这些经典著作都是我们总结和提升实践经验的可资参照的榜样。

那些关注实践的大时代的大著作，至少可以给我们这样的启示：哪怕面对的是具体的问题，也不妨拥有大视野，从具体而微的实践探索中展现宏阔远大的社会背景，并形成进一步推进实践发展的真知灼见。《深圳改革创新丛书》虽然主要还是探讨深圳的政治、经济、社会、文化、生态文明建设和党的建设各个方面的实际问题，但其所体现的创新性、先进性与理论性，也能够充分反映深圳的主流价值观和城市文化精神，从而促进形成一种创新的时代气质。

王京生

写于 2016 年 3 月

改于 2021 年 12 月

总 序 二

中国式现代化道路的深圳探索

党的十八大以来，中国特色社会主义进入新时代。面对世界经济复苏乏力、局部冲突和动荡频发、新冠肺炎病毒世纪疫情肆虐、全球性问题加剧、我国经济发展进入新常态等一系列深刻变化，全国人民在中国共产党的坚强领导下，团结一心，迎难而上，踔厉奋发，取得了改革开放和社会主义现代化建设的历史性新成就。作为改革开放的先锋城市，深圳也迎来了建设粤港澳大湾区和中国特色社会主义先行示范区"双区驱动"的重大历史机遇，踏上了中国特色社会主义伟大实践的新征程。

面对新机遇和新挑战，深圳明确画出奋进的路线图——到2025年，建成现代化国际化创新型城市；到2035年，建成具有全球影响力的创新创业创意之都，成为我国建设社会主义现代化强国的城市范例；到21世纪中叶，成为竞争力、创新力、影响力卓著的全球标杆城市——吹响了新时代的冲锋号。

改革创新，是深圳的城市标识，是深圳的生命动力，是深圳迎接挑战、突破困局、实现飞跃的基本途径；而先行示范，是深圳在新发展阶段贯彻新发展理念、构建新发展格局的新使命、新任务，是深圳在中国式现代化道路上不懈探索的宏伟目标和强大动力。

在党的二十大胜利召开这个重要历史节点，在我国进入全面建设社会主义现代化国家新征程的关键时刻，深圳社科理论界围绕贯彻落实习近平新时代中国特色社会主义思想，植根于深圳经济特区的伟大实践，致力于在"全球视野、国家战略、广东大局、深圳担当"四维空间中找准工作定位，着力打造新时代研究阐释和学习宣传习近平新时代中国特色社会主义思想的典范、打造新时代国际传播典范、打造新时代"两个文明"全面协调发展典范、打造新时代文化高质量发展典范、打造新时代意识形态安全典范。为此，中共深圳市委宣传部与深圳市社会科学联合会（社会科学院）联合编纂《深圳这十年》，作为《深圳改革创新丛书》的特辑出版，这是深圳社科理论界努力以学术回答中国之问、世界之问、人民之问、时代之问，着力传播好中国理论，讲好中国故事，讲好深圳故事，为不断开辟马克思主义中国化时代化新境界做出的新的理论尝试。

伴随着新时代改革开放事业的深入推进，伴随着深圳经济特区学术建设的渐进发展，《深圳改革创新丛书》也走到了第十个年头，此前已经出版了九个专辑，在国内引起了一定的关注，被誉为迈出了"深圳学派"从理想走向现实的坚实一步。这套《深圳这十年》特辑由十本综合性、理论性著作构成，聚焦十年来深圳在中国式现代化道路上的探索和实践。《新时代深圳先行示范区综合改革探索》系统总结十年来深圳经济、文化、环境、法治、民生、党建等领域改革模式和治理思路，探寻先行示范区的中国式现代化深圳路径；《新时代深圳经济高质量发展研究》论述深圳始终坚持中国特色社会主义经济制度推动经济高质量发展的历程；《新时代数字经济高质量发展与深圳经验》构建深圳数字经济高质量发展的衡量指标体系并进行实证案例分析；《新时代深圳全过程创新生态链构建理念与实践》论证全过程创新生态链的构建如何赋能深圳新时代高质量发展；《新时代深圳法治先行示范城市建设的理念与实践》论述习近平法治思想在深圳法治先行示范城市建设过程中的具体实践；《新时代环境治理现代化的理论建构与深圳经验》从深圳环境治理的案例出发探索科技赋能下可复制推广的环境治理新模式和新路径；《新时代生态文明思想的深圳实践》研究新时代生态文明思想指导下实现生态与增长协同发展的深圳模式与路径；《新时代深圳民生幸福标杆城市建设研究》提出深圳民生幸福政策体系的分析框架，论述深圳"以人民幸福为中心"的理论构建与政策实践；《新时代深圳城市文明建设的理念与实践》阐述深圳"以文运城"的成效与经验，以期为未来建设全球标杆城市充分发挥文明伟力；《飞地经济实践论——新时代深汕特别合作区发展模式研究》以深汕合作区为研究样本在国内首次系统研究飞地经济发展。该特辑涵盖众多领域，鲜明地突出了时代特点和深圳特色，丰富了中国式现代化道路的理论建构和历史经验。

《深圳这十年》从社会科学研究者的视角观察社会、关注实践，既体现了把城市发展主动融入国家发展大局的大视野、大格局，也体现了把学问做在祖国大地上、实现继承与创新相结合的扎实努力。"十年磨一剑，霜刃未曾试"，这些成果，既是对深圳过去十年的总结与传承，更是对今天的推动和对明天的引领，希望这些成果为未来更深入的理论思考和实践探索，提供新的思想启示，开辟更广阔的理论视野和学术天地。

栉风沐雨砥砺行，春华秋实满庭芳，谨以此丛书，献给伟大的新时代！

2022 年 10 月

目　录

前言　变生态质量与经济增长矛盾为协同

人类社会始终面临发展继发性难题：落后国家寻求经济起飞和高速增长的秘方，而有的国家在好不容易进入经济增长的轨道后，很快又进入另外一个困境：即环境污染问题快速演化。还未来得及欢呼一日三餐物质生活的改善，环境问题已成困扰：空气污浊、水环境质量恶化，环境质量的下降影响人类的生活质量、威胁人的身体健康、引起人群纠纷和冲突，形成社会问题。

一个经济体进入增长后通常表现为与自然相处的无知，经济活动在消耗大量环境要素的同时又向环境排放污染物质。随着环境质量的蚀耗和污染物质排放的增加，环境系统通过扩散、稀释、氧化还原、生物降解等以降低污染物质浓度和毒性的自然环境自净机制已经难以发挥作用，由此污染物开始直接进入大气、水、土壤，导致大气污染、水土流失、土壤沙化、草原退化、森林资源锐减、生物物种加速灭绝等典型生态环境问题。

经济增长引致生态环境质量变劣是发展中国家广泛面临的现实挑战。孟加拉环境和森林部长哈桑·马哈茂德说："就环保而言，我们希望发展绿色能源，但开发绿色能源的高成本将减缓国家发展。我们国家仍面临食品短缺、贫困等挑战，绿色能源建设很重要，但不能以牺牲经济发展为前提，不能牺牲人民过好日子的期望。"埃及社会问题专家哈桑认为，如果将环保简单地定义为减排，那意味着关停许多工厂，这将沉重打击发展中国家本已落后、弱小的工业，导致作为其经济增长点的工业陷入严重困境。同时，发展中国家生存、发展需求必然导致排放量增大，这也是发展中国家的基本权利，发达国家必须予以尊重。

在印度，长期追求工业经济发展过程中对环境问题认识的不足，引起环境污染不断恶化；在越南，革新开放过程中所实施的外资优惠政策吸引国外高污染、高排放的落后产能大量涌入；在菲律宾，追求经济增长所致的生态资源过度消耗催生生态环境质量问题。

改革开放后的中国，生态环境质量问题同样严重，存在工业污染治理成本攀升、资源和能源短缺、环境质量恶化以及自然灾害损失等问题。我们也同样面临增长与环境质量的两难选择。

应对经济增长引起的环境问题，众多的发展中国家做出多种尝试，以期取得经济增长与生态质量良好的双重目标。以印度、越南和菲律宾为代表的起飞经济体纷纷制定一系列有利于环境保护的法律法规与政策制度，力图改善自身的生态环境状况。以泰国、巴西和南非为代表的中等收入经济体都具有较好的资源条件，也都出台了不少环境保护政策，采取了一些保护环境的措施，取得了一定的成效，但与本地区环境问题的严重程度相比，只不过是杯水车薪。这些国家和地区都不同程度地出现了气候变暖、去森林化、生物多样性丧失等问题。

理论上的突破需要遵循发展规律，即发展过程中生态环境质量与增长矛盾关系的形成、发展与演化，具体表现为在生态质量与增长矛盾的冲突阶段，存在自然生态规律与市场经济规律的冲突、生态文明建设与区域经济发展不均衡的冲突、技术创新与劳动者结构性失业的冲突；在生态质量与增长矛盾的协调阶段，主要表现为生态文明建设与经济发展的相互依存、相互促进、相互统一。理论需要重新对以上矛盾创造性地提出全新的逻辑、解释与方法。

作为对现实问题的理论思考，许多思想家从工业化早期就开始对人与自然关系的断裂进行理性思考，对近代人与自然关系的思维模式进行重新审视。不少思想家认为，环境问题的解决需要重新定义人在自然中的位置，确立人与自然、人与人相处的新模式。人与自然是命运共同体，人类必须尊重自然、顺应自然、保护自然，实现人与自然和谐共生。构建人类命运共同体，契合人类社会的发展需求，为全球治理提供一种可行的范式和路径。随着全球生态环境问题愈加严峻，人们不仅在努力探索跨越生态质量与经济增长之间的鸿沟的实践路径，也在不断寻觅生态文明范式转型所需要的理论构建。但至今，环境治理所涉及经济社会等领域的深层次矛盾并未得到解决。

显然，发展中国家的理想增长道路是以环境改善为伴，或者说，至少在不影响环境质量的基础上获得经济增长，但由于资金匮乏、技术水平低等，这样的理想道路难以存在，在经济起飞时期对生态环境质量的强调会使这些国家不堪重负，甚至危及这些国家的经济发展，而发展经济是生存所必需的，由此发展中国家只能长期面临环保和发展的双重挑战。

习近平生态文明思想根植于中国特色生态文明建设实践经验和现实诉求，是基于突破发展矛盾的时代主题提出的，本身具有鲜明的现实基础，是理论与实践相结合下提出的理论创新和突破。

习近平生态文明思想弘扬了中华文明生态思想的时代价值，拓展了全球生态环境治理的可持续发展理念，为新时期应对日益严峻的环境治理形势、扭转被动环境治理局面和建构国际环境合作话语权提供了理论基础，为全球环境协同治理和人类命运共同体构建提供了中国特色方案。

本书的研究主线是，基于全球众多发展中国家的增长与发展轨迹，在人均收入达到中等收入水平以上时，环境污染的一系列指标将会出现一个转折，称之为环境的"拐点"问题。发展中国家在发展过程中必然经历生态质量与增长速度的替代选择阶段，二者难以协调统筹使得它们均深陷"中等收入陷阱"。更有甚者，一些国家因为选择了资源依赖型发展路径，虽未达到中等收入水平也开始饱受环境与增长两难抉择的滋扰。中国向高收入国家迈进的发展路径也受生态质量与增长速度替代选择的影响，这便是生态质量与经济增长如何实现协同的考验。当前，国内大部分地区的经济增长与生态环境恶化的情况正处于环境库兹涅茨曲线的上升阶段，如何扭转这种倒"U"形曲线的左侧态势，加速通过临界顶点并转向生态环境总体变优的右侧，尽量减少经济增长过程中的环境损失，尽快实现经济与环境协调发展是一项具有战略意义的工作。面对世情趋势与国情需要，面对环境困局与发展悖论，习近平总书记强调从整体性、系统性、全局性认识生态文明建设,重视顶层设计、统筹规划、制度保障,注重改革的系统性与协同性,坚持节约资源、保护环境,推动绿色发展、循环发展、低碳发展。以习近平生态文明思想为指导,深圳率先实践、率先行动,突破生态质量与增长速度的矛盾,探索生态质量与经济增长协同的发展路径、体制机制、制度环境、市场环境。

近十年,深圳发展绩效成为对生态生产力论、生态法制论、生态文明论、生态民生论、生态系统论的有效验证,实现了增长与环境的同向提升。在习近平生态文明思想指导下,深圳人均收入增长速度遥遥领先于全国其他区域,在保持经济增长的同时,有效跨越环境"拐点",实现绿色 GDP、环境治理、降碳减排、绿色金融、人均绿色感知等指标大幅提升,再度创造"深圳奇迹"。

本书的研究逻辑是,通过分析与总结习近平生态文明思想在深圳的"开花结果",以敢为天下先的深圳在新时代如何践行习近平生态文明思想、形成怎样的可复制可推广的模式与经验、创造了怎样的突破路径与奇迹等,论证习近平生态文明思想是孕育生态文明与经济增长协同发展"时代价值、深远影响"的理论体系。变矛盾为协调,有效诠释生态质量与经济增长协同发展"为何、为谁"的根本动因,明确生态质量与经济增长协同发展"谁来干、怎样干"的方式方法,解答生态质量与经济增长协同发展"是什么、干什么"的价值属性。一方面为发展中国家如何跨越环境质量与增长速度间的替代鸿沟输出理论、模式与经验,提供"中国智慧";另一方面为中国其他城市实现环境与增长协同发展提供可复制可推广的"深圳模式",发挥深圳先行先试、区域协同、示范带动使命。

本书的研究方法遵循习近平生态文明思想方法论体系:强调根本方法、思维方法和工作方法紧密联系,以辩证唯物主义和历史唯物主义为根本方法,以战略思维、历史思维、辩证思维、底线思维、创新思维为思维方法,以顶层设计、狠抓落实、问题导向、精准发力为工作方法;阐释为何干、谁来干、怎么干,深刻回答了为什么建设生态文明、建设什么样的生态文明、怎样建设生态文明的重大理论和实践问题,并在层层递进、追根究底地提出问题和科学应答中阐释了生态文明建设的本源、特征和实现路径，构建基于"水平、进步、差距"生态文明绩效评价体系，突出绿色发展指标和生态文明建设目标完成情况考核，探索激励与约束并重的生态文明建设目标制度。

第一篇

新时代、新思想、新征程

本篇导读

　　本篇从新时代、新思想、新征程三个维度来回答习近平生态文明思想产生的理论渊源、理论突破和现实可行性。通过理论梳理、发展事实例证、数据呈现、案例剖析等，从习近平生态文明思想的理论渊源、习近平生态文明思想多维透视和习近平生态文明思想的深圳实践三个方面进行研究分析。

　　第一章为习近平生态文明思想的理论渊源，通过对中国生态环境现状进行数据分析、对资本主义制度下生态环境与经济发展矛盾以及当前中国绿色经济发展阶段进行反思、对全球生态环境相关数据进行分析，回答了生态环境与经济发展之间到底是矛盾的抉择还是协同。

　　第二章为习近平生态文明思想多维透视，通过对马克思主义生态观进行回顾、对习近平生态文明思想的深刻认识，回答习近平生态文明思想是如何解决建设生态文明、如何丰富和发展对人类发展规律认识的。

　　第三章为习近平生态文明思想的深圳实践，通过对深圳的产业结构调整、低碳路径选择、体制机制构建、政府治污限排、生态文明案例进行梳理分析，回答深圳是如何践行习近平生态文明思想，论证习近平生态文明思想是孕育生态质量与经济增长协同发展"时代价值、深远影响"的理论体系。

第一章　新时代：习近平生态文明思想的理论渊源

习近平生态文明思想根植于中国特色生态文明建设实践经验和现实诉求，基于突破发展矛盾的时代主题提出，具有鲜明的现实基础，是理论与实践相结合下提出的理论创新和突破。习近平生态文明思想弘扬了中华文明生态思想的时代价值，拓展了全球生态环境治理的可持续发展理念，为新时代应对日益严峻的环境治理形势、扭转被动环境治理局面和建构国际环境合作话语权提供了理论基础，为全球环境协同治理和人类命运共同体构建提供了中国特色方案。习近平生态文明思想是马克思主义生态观在新时代、新形势下的继承和发展，是新时代中国共产党人创造性地回答人与自然关系、经济发展与环境保护关系问题取得的原创性理论成果，具有鲜明的马克思主义理论特质，是新时代中国化的马克思主义生态观。

第一节　突破发展矛盾的时代主题

习近平生态文明思想是中国共产党在长期生态文明建设实践中进行经验总结并提炼升华后的理论智慧结晶。对于生态环境建设的思考也从最初的就生态论生态，到探讨人与生态之间的关系，再到将生态环境与经济发展作为整体考量的新时代生态文明建设，是一个在曲折中不断前进的过程。自新中国成立之初，中国开始工业化进程，经济快速增长的同时，生态环境问题也不断凸显。进入 21 世纪以来，工业化进程引发的生态环境问题更为严峻。党的十六大以来，党中央不断深化对统筹人与自然和谐发展的认识，提出了生态文明建设理论，把建设生态良好的文明社会列为全面建设小康社会的四大目标之一。2007 年 10 月，党的十七大首次把"建设生态文明"写入党代会报告，把生态文明确立为除了物质文明、精神文明、政治文明外，中国发展的第四大支柱。2012 年 11 月，党的十八大报告首次系统化、完整化、理论化地提出了生态文明的战略任务，将生态文明建设纳入中国特色社会主义"五位一体"总体布局之中，并把"美丽中国"作为生态文明建设的宏伟目标。2017 年 10 月，党的十九大报告从产业结构调整、生产与生活方式的转变、制度完善、生态治理国际合作等方面阐述了新时代生态文明建设的发展防线和实现路径。2022 年 10 月，党的二十大报告对中国过去的生态文明建设工作进行了总结，指明了未来持续深入推进环境污染防治的新思路，指出"中国式现代化是人与自然和谐共生的现代化"，并明确了中国新时代生态文明建设的总基调是推动绿色发展，促进人与自然和谐共生。总之，习近平生态文明思想经历了从萌芽到发展的嬗变，并逐渐趋于成熟。

中国特色生态文明建设实践是习近平生态文明思想的实践基础，习近平生态文明思想是基于社会主义初级阶段具体国情的审慎思考和对传统经济发展模式的深刻反思。改革开放之初，"解决温饱"比"环保问题"更为迫切，低成本优势战略和资源驱动的传统工业化模式下，生态环境问题被长期忽视。尤其是 20 世纪 90 年代以后，工业发展进入以重化工为主导的重工业化阶段。快速工业化进程对自然资源和生态环境造成了严重破坏。旧发展模式下，环境成本被长期忽视，经济实现高速增长的同时环境治理难度日益增加，成为威胁经济社会可持续发展的重要因素。

图 1 - 1 显示，1999—2010 年，由于环境污染造成的直接经济损失巨大，在 2004 年和 2009 年一度攀升至 36365.7 万元和 43354.4 万元，说明传统经济增长模式的环境成本已经日益凸显。

图 1 - 2 显示，2000—2017 年，国内环境治理投资占 GDP 的比重总体上呈上升态势，表明环境治理问题日益受到重视，同时也表明经济增长的背后伴随着攀升的环境治理成本。随着生态文明建设的逐步推进，空前的环境治理力度取得显著成效，经济增长和环境

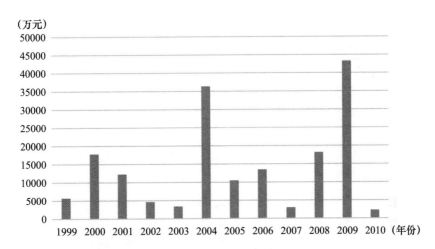

图1-1　1999—2010年中国污染造成的直接经济损失

资料来源：国泰安数据库。

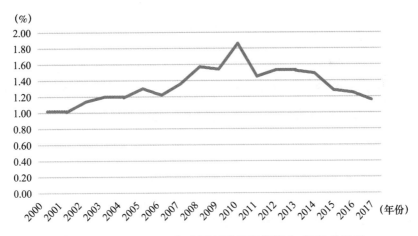

图1-2　2000—2017年中国环境治理投资占GDP的比重

资料来源：国泰安数据库。

问题的矛盾得到显著缓解。2010—2017年国内环境治理投资占GDP的比重呈现持续下降趋势，表明环境恶化的态势得到根本性扭转，生态文明建设取得阶段性进展。

一 工业污染治理成本回落

图 1 - 3 显示，2000—2014 年，中国工业污染治理投资总额总体上呈现高速增长态势，表明传统的工业生产模式在实现总产值高速增长的同时也伴随着巨大的环境治理成本而不可持续。

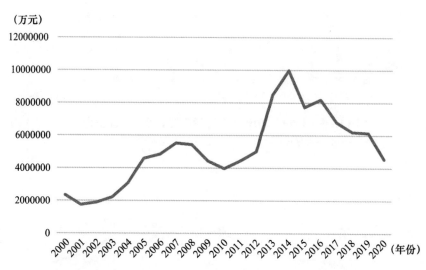

（万元）

图 1 - 3 2000—2020 年中国工业污染治理投资总额
资料来源：国泰安数据库。

在习近平生态文明思想的引领下，中国加快了工业生产方式绿色转型的步伐，工业污染治理初见成效。图 1 - 4 显示，中国工业污染治理投资主要投向工业废气和废水污染源的治理。从工业污染治理投资结构上来看，传统工业生产模式的环境成本突出表现为大气污染和水污染。2013 年以来，随着空气质量得到根本性改善，工业废气治理成本持续回落至 2012 年的水平。

二 资源和能源形势依然严峻

经济发展和资源缺乏之间的矛盾日益突出，对可持续发展构成压力和挑战。以矿产为例，当前中国矿产资源形势不容乐观。在已探明的 45 种主要矿产资源中，有 26 种不能满足经济发展的需要，

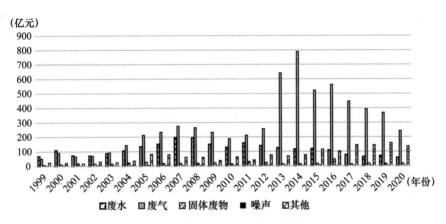

图 1 - 4 1999—2020 年中国工业污染治理投资结构

资料来源：国泰安数据库。

其中大部分是优质大宗支柱矿产。5 种矿产面临绝对短缺，只有 9 种矿产能够满足经济发展的需要。

图 1 - 5 显示，改革开放以来，中国国内生产总值和人均国内生

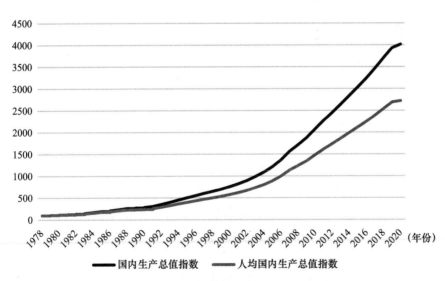

图 1 - 5 1978—2020 年中国经济增长指数

资料来源：中经网数据库。

产总值均实现高速增长。图 1-6 显示，2000 年以来，中国能源消费总量与能源生产总量逐年攀升，同时能源缺口显著增大。这表明传统增长模式下的经济高增速伴随着资源和能源的过度使用，特别是煤炭、石油和其他不可再生资源，使得能源和资源相对于经济增长需要的缺口逐渐扩大，进而使得传统经济增长模式面临不可持续的压力。

（万吨标煤）

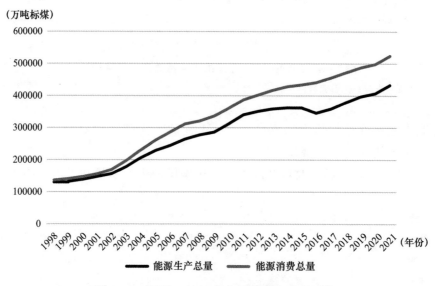

图 1-6　1998—2021 年中国能源生产和消费

资料来源：国泰安数据库。

图 1-7 显示，中国能源生产结构中，原煤、原油生产占能源生产总量的比重相对较大，而天然气、水电、核电、风电占能源生产总量的比重相对较小，表明传统能源生产结构存在巨大的转型潜力。原煤占比长期保持在 70% 以上的水平，必然伴随巨大的碳排放量。水电、核电等清洁能源占比虽然有所提升，但是绝对水平仍然处于低位，表明能源生产结构转型任重道远。

图 1-8 显示，中国能源消费结构中，原煤、原油消费占比相对较大，而天然气、水电、核电、风电占比相对较小，表明传统能源消费结构也存在巨大的转型潜力。原煤消费占比长期保持在 60% 以

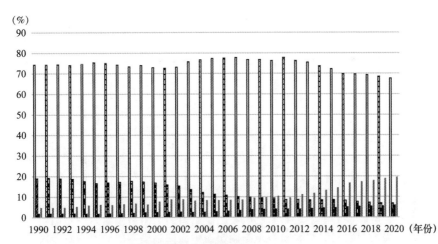

图例：
- □ 原煤占能源生产总量的比重
- ▨ 原油占能源生产总量的比重
- ■ 天然气占能源生产总量的比重
- ■ 水电、核电、风电占能源生产总量的比重

图 1 - 7　1990—2020 年中国能源生产结构

资料来源：国泰安数据库。

上的水平，原油消费占比长期保持在接近 20% 的水平，同时，水电、核电等清洁能源占比虽然有所提升，但是绝对水平仍然较低，且攀升缓慢。

　　进一步对比图 1 - 7 和图 1 - 8 显示的能源生产和消费结构可以看到，虽然原油占能源生产总量的比重自 2001 年以来呈现下滑态势，但是原油消费占比相对稳定，表明国内原油供需矛盾日益突出，国内原油供需缺口可能带来的经济社会安全问题不可忽视。

　　图 1 - 9 和图 1 - 10 分别显示了 1984—2020 年的能源和电力消费与生产弹性系数。总体来看，1984—2020 年，中国能源生产与消费弹性长期接近于 1.0 的水平，并在 2017 年以来呈现持续攀升趋势。这表明能源生产和消费增速相对于经济增速较高，传统模式下的经济高速增长同时伴随着能源消耗的高速增长，能源生产和利用效率仍然存在巨大优化空间。

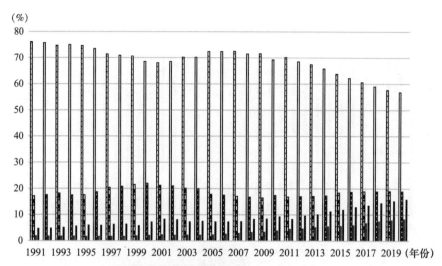

图1-8　1991—2020年中国能源消费结构

资料来源：国泰安数据库。

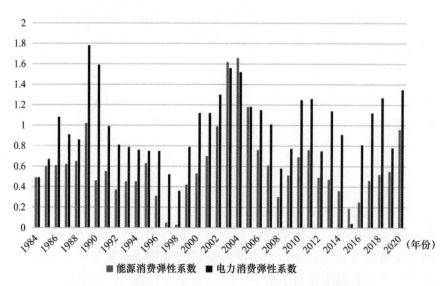

图1-9　1984—2020年中国能源和电力消费弹性系数

资料来源：国泰安数据库。

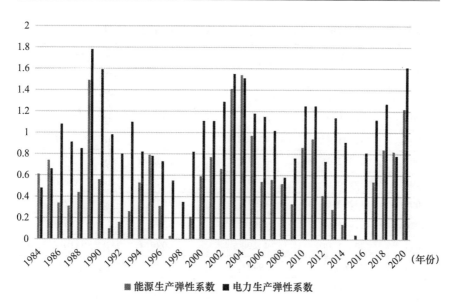

图1-10　1984—2020年中国能源和电力生产弹性系数

资料来源：国泰安数据库。

三　自然灾害损失

《全国生态保护和建设规划（2013—2020年）》显示，全国水土流失面积295万平方千米，石漠化土地面积12万平方千米，人均森林面积只有世界平均水平的23%，可利用天然草原90%存在不同程度退化，野生动植物种类受威胁的比例为15%—20%。表1-1显示了2004—2020年中国自然灾害损失情况。总体来看，2004年以来，自然灾害造成的直接经济损失数额巨大，中国自然灾害的强度急剧增加。损失资金规模、受灾人次、农作物受灾面积均长期居高不下。其中，2001—2007年，自然灾害造成的经济损失基本在1000—2000亿元左右。2008年，自然灾害直接经济损失攀升至11752.4亿元。表明经济发展面临的自然灾害防治压力巨大，自然灾害对经济社会可持续发展构成巨大威胁。

表 1 - 1   2004—2020 年中国自然灾害损失情况统计

年份	农作物受灾面积（千公顷）	受灾人次（万）	直接经济损失（亿元）	死亡人数（人）
2004	37106.26	33920.6	1602.3	2250
2005	38818.23	40653.7	2042.1	2475
2006	41091.41	43453.3	2528.1	3186
2007	48992.35	39777.9	2363.0	2325
2008	39990.03	47795.0	11752.4	88928
2009	47213.66	47933.5	2523.7	1299
2010	37425.90	42610.2	5339.9	6541
2011	32471.00	43290.0	3096.4	1014
2012	24962.0	29421.7	4185.5	1325
2013	31349.8	38818.7	5808.4	1851
2014	24891.0	24353.7	3373.8	1818
2015	21769.8	18620.3	2704.1	967
2016	26221.0	18911.7	5032.9	1706
2017	18478.1	14448.0	3018.7	979
2018	20814.3	13553.9	2644.6	589
2019	19256.9	13759.0	3270.9	909
2020	19957.6	13829.7	3701.5	591

资料来源：国泰安数据库。

四　时代诉求与创新发展理念

随着全球资源稀缺趋势的加剧，环境摩擦和环境纠纷日益明显。为了保持竞争优势，一些国家正试图搭建和增加绿色壁垒，从而增加全球环境安全和全球化自由贸易的不稳定性。全球环境问题将导致更多的非关税贸易壁垒，如绿色附加税、绿色技术标准、绿色卫生检疫体系、绿色补贴等。全球环境问题的根源始于资本主义的现代化和全球化分工。因此，资本主义全球化不仅导致其国家的环境问题，而且还导致通过殖民扩张掠夺落后国家的自然资源，从而导致环境问题的全球化。以资本控制为特征的全球大国与国际政治经济秩序之间的不公平关系，不仅不利于生态文明建设，也不利于国际政治经济秩序。在国际分工中，资本被用来开采和掠夺其他国家的自然资源。这意味着现代全球环境治理必须基于"生态正义"和"共同但有区别的原则"的价值观，以便合理协调不同民族、地区和人口群体在环境资源所有权、分配和使用方面的利益。

中国式现代化是对西方资本主义现代化模式的批判反思，也是对业已存在的现代化道路的扬弃和超越，是人与自然和谐共生的现代化，是人类文明新形态的重要体现。习近平生态文明思想是习近平新时代中国特色社会主义思想的重要内容，也是中国共产党建设生态文明的重要经验。党的二十大报告指出："实践没有止境，理论创新也没有止境。不断谱写马克思主义中国化时代化新篇章，是当代中国共产党人的庄严历史责任。"习近平生态文明思想是基于中国环境恶化日趋严峻的状况下提出的，面对严峻的环境污染、资源和能源问题、日趋严峻的环境形势，中国共产党不断探索新的发展理念、模式和思路，从上到下、从理念到行动，开展全方位、全领域、全过程的生态文明理论创新和制度改革，推动经济社会发展方式和文明转型，协调人与自然、经济发展与环境保护在新时代的矛盾，着力化解威胁经济社会可持续发展的生态危机。习近平生态文明思想具有鲜明的现实基础，是基于时代诉求的创新发展理念，为新时代生态文明建设实践提供了有力的理论基础和价值导向。习近平生态文明思想是在对过去发展模式下的经验和反思的基础上提出的，为突破新时代凸显的矛盾和生态危机提供了方案，具有鲜明的实践指导意义和现实价值。

第二节　生态文明建设旧模式的反思与突破

习近平生态文明思想是在不断地进行生态文明建设的实践探索中形成的，它来源于实践，又指导着实践。改革开放以来，通过投入先进的科学技术、人力和资金，在解决环境问题和推动生态建设方面取得了一定成效，但是生态环境总体态势仍然十分严峻，在粗放的高速经济增长模式下，生态环境"局部改善、整体恶化"和

"一面治理、一面破坏"使经济在实现高速增长的同时伴随巨大的环境治理成本，传统发展模式的不可持续性日益凸显。对生态文明建设实践经验的反思，为习近平生态文明思想提供了实践评述，习近平生态文明思想为生态文明建设实践提供了新的思路。

一 对资本主义制度下生态环境与经济发展矛盾的反思

由于制度等方面的局限，西方资本主义国家最终难以摆脱"资本的逻辑"，导致其没有也不可能彻底改变人类与自然之间的不和谐状态。这是因为资本的逻辑和生态保护本身就是一对二律背反的关系。所以当资本主义发现并试图解决生态矛盾时，最大的阻力首先来自资本主义内部，为维护自身利益，反环境保护主义者为保护自己的利益采取各种手段对环境保护政策的制定和实施加以阻挠和破坏，他们主张利用强大的科学、技术和工业力量创建大规模的环保产业，以缓解充满严重环境问题的发展危机。当然，资本主义的本质也决定了它不能从根本上否定其生产方式。因此，资本主义制度下的功利主义发展模式使经济利益和生态环境保护的矛盾难以调和，人与自然和谐共生的发展模式意味着超越个体福利的总体福利目标的规划，因此，不考虑生态边界条件的自由市场需要更多超越传统模式的制度建设。20 世纪西方国家发生的全球性公害事件，如洛杉矶的光化学烟雾、伦敦的烟雾和日本的水俣病，对环境和社会生活产生了巨大影响。在一些国家和地区，如受重金属污染、水体污染和土壤累积污染的地区，环境污染问题已经积重难返。西方发达国家以巨大环境成本为代价换取巨额物质财富的经验教训不可借鉴，中国经济发展必须探索适应国情的本土化道路。近代西方主流经济学囿于固有的分析方法的缺陷造成了人是万物主宰的思想枷锁，成就了西方工业革命时期的时代精神，机械的认识论将人与自然之间的关系推向了对立。应该清醒地认识到，西方工业文明的发展模式没有出路，不能亦步亦趋跟着西方发展模式走，要走生态文明之路，要依靠中国自己的实践探索，与西方发达国家"先污染、后治理"的政策相比，中国必须探索一条与经济相结合的环境保护新途径。从世界工业化发展进程来看，西方发达国家已经率先工业化，能源消耗强度曲线基本呈现先增后减的趋势。与此同时，中国走上了一条快速工业化的捷径，由于大大缩短了工业化的进程，发达国家在过去两个世纪里的环境问题集中暴露在中国 30 多年的快速发展进程中，表现出明显的结构性、压缩性、复杂性、叠加反复的特征。由于中国的特殊国情和发展路径，没有现成的适应中国国情的成功经验可以借鉴和照搬。协调生态文明建设与经济发展的关系，是转型期中国面临的严峻挑战和巨大动力。习近平生态文明思想正是基于对旧模式的反思和对适应中国国情的新模式的需要提出的不同于西方发达国家环境保护"资本逻辑"的新模式、新思路。作为世界上最大的发展中国家和最具影响力的新兴经济体，中国应顺应绿色工业革命的世界趋势，寻找中国绿色发展之路。

二 对中国绿色经济发展的反思

在绿色经济发展的初期阶段，中国在经济发展手段和制度建设中虽有初步的探索，但都没有抓住绿色经济的本质，没有形成有效的机制体系，也没有建立与绿色经济发展相适应的制度。长期以来，中国的环境治理一直是单一的政府主导机制，这一机制在不同资源要素的配置、环境治理政策的制定和实施以及环境治理的投资和监督方面发挥着重要作用。应该认识到，这一机制在特定的历史条件和发展阶段是可行和有效的。但随着生态治理进入深水区，生态治理难度明显增大。环境治理不善和人们对环境治理要求不平衡的问题日益凸显。这主要是由于政府之间资源分配效率低下和环境治理能力有限。由于缺乏全面的法律法规，缺乏统一的规划以及不同地区存在不同的环境治理结构、体系和标准，各个行政区的环境保护和治理责任分散在各地区，因此出现了"九龙治水"的问题。分散治理的目标不一致问题突出，传统环境治理体系没有考虑到环境治理项目的系统化和完整性、部门职能协调的复杂性，系统运作低效率问题严重。在同一地区，由于工业化和城市化的快速发展，对资源和环境的影响日益增加。分散治理导致当地工业的发展、城市建设的无限需求与资源和环境（例如土地、供水和环境保护）的有限供应之间存在严重不匹配。森林、水、草和土壤的完整生态系统被人为划分为不同的部门进行管理，由于利益冲突、权力下放导致各部门难以形成统一的管理目标，削弱了政府在保护环境方面的一致性。因此，在生态制度建设层面，迫切需要从多头管理转变到统一管理，建立综合协调机制。地方政府依托土地融资模式推动城市化的高速发展的同时，城市化进程中的社会矛盾也逐渐凸显出来。在短短30多年的时间里，中国基本上经历了发达国家数百年的城市化和工业化进程，创新的"中国速度"给资源开发、能源消耗和环境承载力带来了巨大压力，图1-11显示，2000—2020年，中国城市污水排放量持续增加，2020年污水排放量已经接近500亿立方米的水平。图1-12显示，2000—2020年，中国城市生活垃圾清运量持续增加，2019年一度接近25000万吨，虽然2018年以来有所回落，但是绝对水平仍然维持高位。综上，中国面临着工业化和生态化的双重任务。总的来说，中国环境质量持续改善并趋于稳定，但是环境治理力度不能松懈，边污染边治理的旧模式导致环境治理仍然面临巨大的压力。当前，生态文明建设正处于压力加大、被动推进的关键阶段。鉴于权责界限模糊、商业化不足和过度市场化，单纯依靠财政政策和非常规货币政策的经济增长模式愈加不可持续，依靠过度资源消耗和环境污染的增长模式的问题在经济转型期的下行压力下更加凸显出来。

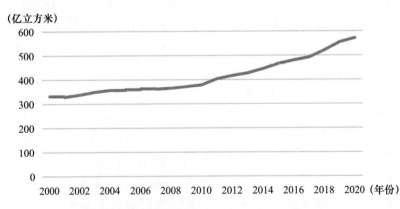

（亿立方米）

图1-11   2000—2020年中国城市污水排放量

资料来源：《中国环境统计年鉴2021》。

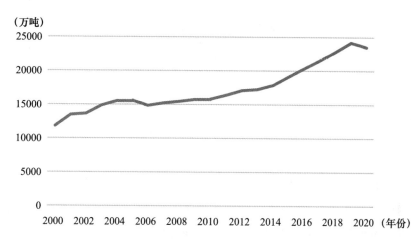

图 1 - 12　2000—2020 年中国城市生活垃圾清运量
资料来源：《中国环境统计年鉴 2021》。

三　对习近平生态文明思想的探索认识

习近平生态文明思想通过对生态环境破坏导致人类文明兴衰辩证关系的反思，对资本主义工业文明"要钱不要命""先污染、后治理"发展逻辑的反思，对中国改革开放以生态环境换取粗放、单一、快速发展模式的反思，导向生态文明对工业文明的理性超越。这样的继承、创新与发展，使得生态文明成为一种对工业文明的建构性反思，预示着一种文明发展的新方向。习近平总书记对生态文明的理解，包含着对人类文明发展反面教训的历史性反思和现实道路的探索性新认识。要让土地、劳动力、资产、自然风光等要素活起来，让资源变资产、资产变股金、农民变股东，实现自然资本大量增值。如何通过转变发展模式（转变生产和生活方式），建立环境与发展相互促进的机制是绿色发展方式转型的关键。工业革命以后建立的发展模式，以物质资产的生产和消费为中心，环境和发展很难兼顾，更不用说相互促进了。要相互促进，必须从发展理念或价值观、发展内容、组织方式、体制机制等方面进行系统的转变。只注重经济发展而忽视生态文明建设，甚至牺牲环境来促进经济增长的旧模式必然因人与自然关系失衡而不可持续。

习近平生态文明思想是在不断总结中国生态治理工作经验基础

上形成的，是经过长时间的实践检验形成的科学理论。习近平生态文明思想基于对旧模式的反思，健全生态文明制度体系成为重点，是对人类文明发展的生态转向和中国特色社会主义实践的总结和反思的结果。党的十八大首先提出了"美丽中国"建设目标，要求"加强生态文明制度建设"。大力推动环保法治建设，提出完善生态文明体系，将其纳入法治道路，认为"只有实行最严格的制度才能为生态文明建设提供可靠保障"。通过了生态系统改革总体规划，这是生态文明建设体系的理论框架和长远发展规划。党的十九大报告中提出的关于"要用制度保障生态文明建设"等都为生态文明体系的构建和完善提供了重要基础。党的二十大报告中提出"必须牢固树立和践行绿水青山就是金山银山的理念，站在人与自然和谐共生的高度谋划发展"。在习近平生态文明思想的引领下，中国不断完善相关制度体系，将单位 GDP 二氧化碳排放量的减少作为一项强制性指标纳入国民经济和社会发展规划，碳排放监管领域的任务被纳入地方考核体系。发布《中共中央 国务院关于完整准确全面贯彻新发展理念做好碳达峰碳中和工作的意见》和《2030 年前碳达峰行动方案》，完善科技、资本、金融和其他保障措施，迅速构建环境治理体系。党的十八大以来，生态文明建设取得显著成效：前所未有的思想意识水平、前所未有的污染控制水平、前所未有的投资水平、前所未有的执法水平和前所未有的环境质量改善速度。

专栏：中国生态文明建设成就

党的十八大以来，中国不断完善生态文明制度体系。全面系统地部署自然资源资产产权、国土空间开发保护、资源总量管理和全面节约、环境治理能力现代化、环境治理和生态保护市场体系、生态文明绩效评价和责任追究等制度建设，并引入了国家公园体制、生态保护补偿、河（湖）长制、生态环境监测执法等 40 多项涉及生态文明建设的改革方案。生态环境治理工作取得重大进展，生态文明建设成效显著。

2000—2017 年，中国新增绿化面积约占全球新增绿化面积的1/4，贡献比例居全球第一。截至 2020 年年底，中国森林覆盖率达

23.04%，草原综合植被覆盖度达 56.1%，湿地保护率达 50% 以上，国家级自然保护区面积超过国土面积的 1/10。中国提出的"划定生态保护红线，减缓和适应气候变化案例"成功入选联合国"基于自然的解决方案"全球 15 个精品案例。图 1–13 显示，自 2006 年以来，中国造林面积总体保持上升态势。尤其自 2014 年以来，中国每年造林面积快速增加至 700 万公顷以上，并常年保持高位，全国森林覆盖率逾 22.9%，森林面积达 2.2 亿公顷，城市建成区绿化覆盖率达 41.1%，湿地保护率达 52.2%，全国森林植被总碳储量达 89.8 亿吨。自然环境的改善对于大气环境污染治理起到显著作用，随着森林覆盖率显著提升，中国空气质量恶化态势得到有效遏制。据统计，与 2013 年相比，京津冀、长三角、珠三角区域 PM2.5 浓度分别下降 51%、42%、35%。截至 2020 年年底，中国单位 GDP 二氧化碳排放较 2005 年降低 48.4%，超额完成下降 40%—45% 的目标。

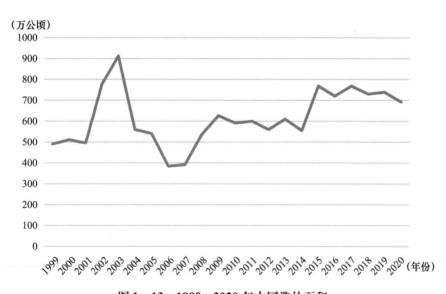

图 1–13 1999—2020 年中国造林面积

资料来源：中经网数据库。

图 1–14 显示，2000 年以来，中国环境污染与破坏次数总体呈

减少态势，尤其自 2014 年以来，环境污染与破坏次数大幅减少至

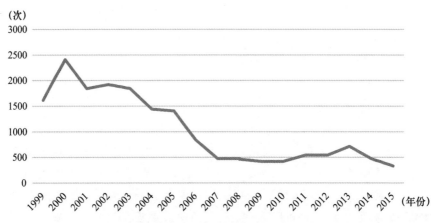

图 1 - 14　1999—2015 年中国环境污染与破坏次数

资料来源：中经网数据库。

500 次以下。2022 年 1 月，生态环境部召开新闻发布会，生态环境部总工程师、水生态环境司司长张波在发布会上介绍，2021 年全国水质优良水体比例为 84.9%，丧失使用功能的水体比例为 1.2%。长江流域水质优良国控断面比例为 97.1%，干流水质连续两年全线达到 II 类。黄河干流全线达到 III 类水质，90% 以上的断面达到 II 类以上水质。长江经济带 1064 个工业园区全部建成污水集中处理设施。295 个地级及以上城市（不含州、盟）黑臭水体基本消除。2022 年 9 月，国家发展改革委召开新闻发布会，国家发展改革委资源节约和环境保护司司长刘德春在发布会上表示，2012—2021 年，中国深入推进供给侧结构性改革，淘汰落后产能、化解过剩产能，退出过剩钢铁产能 1.5 亿吨以上，取缔地条钢 1.4 亿吨。随着落后产能淘汰、重污染企业加快退出，传统产业改造提升持续推进，环境污染与破坏事件将得到更大程度的控制。同时，环境治理工作的推进伴随绿色产业迅速发展。生产方式的绿色转型对于环境污染治理起到根本性作用，据统计，中国节能环保产业增加值保持年均 15% 左右增长，远高于 GDP 增速和工业增加值增速。其中，水电、风电、光伏发电装机规模、新能源产销量居世界第一位，非化石能

源占能源消耗比重由 2012 年的 9.7% 提高到 2019 年的 15.3%。

表 1-2 显示，1999—2008 年，地质灾害发生次数、海洋赤潮发生次数、森林火灾发生次数和森林火灾受灾面积长期处于高位，随着自然灾害防治工作的加快推进，2010 年以来地质灾害发生次数、森林火灾发生次数均呈现显著减少态势，海洋赤潮发生次数和森林火灾受灾面积得到一定控制。这表明，中国生态文明建设成效显著，自然环境整体状态得到改善。

表 1-2　　　　　1999—2020 年中国自然灾害情况统计

年份	地质灾害发生次数（次）	海洋赤潮发生次数（次）	森林火灾发生次数（次）	森林火灾受灾面积（万公顷）
1999	13446	16	6847	4.40
2000	19653	28	5934	8.84
2001	5793	77	4933	4.62
2002	40246	79	7527	4.76
2003	15489	119	10463	45.10
2004	13555	96	13466	14.22
2005	17751	82	11542	7.37
2006	102804	93	8170	40.83
2007	25364	82	9260	2.93
2008	26580	68	14144	5.25
2009	10580	68	8859	4.62
2010	30670	69	7723	4.58
2011	15804	55	5550	2.70
2012	14675	73	3966	1.39
2013	15374	46	3929	1.37
2014	10937	56	3703	1.91
2015	8355	35	2936	1.29
2016	10997	68	2034	0.62
2017	7521	68	3223	4.44
2018	2966	36	2478	2.86
2019	6181	38	2345	3.97
2020	7840	31	1153	0.85

资料来源：国泰安数据库。

第二章　新思想：习近平生态文明思想多维透视

习近平生态文明思想是在生态文明建设实践和绿色发展探索实践中形成的，有着深厚的理论基础和历史根源。习近平生态文明思想回答了如何建设生态文明这一重大问题，丰富和发展了对人类发展规律的认识。习近平生态文明思想以新的眼光、新的认识不懈地探索生态文明建设规律，形成了独创的理论成果。"十四五"时期，中国生态文明建设进入了以降碳为重点战略方向、推动减污降碳协同增效、促进经济社会发展全面绿色转型、实现生态环境质量改善由量变到质变的关键时期。党的二十大报告部署了四个方面的重点工作：加快发展方式绿色转型，深入推进环境污染防治，提升生态系统多样性、稳定性、持续性以及积极稳妥推进碳达峰碳中和。这些也是"十四五"乃至更长时间内的重要任务。

第一节　逻辑主线

党的二十大报告再次明确了新时代中国生态文明建设的战略任务，总基调就是推动绿色发展，促进人与自然和谐共生。习近平总书记曾多次强调，"绿色发展注重的是解决人与自然和谐问题"，"绿色发展，就其要义来讲，是要解决好人与自然和谐共生问题"①。习近平生态文明思想的逻辑体系体现了鲜明的人与自然的辩证关系。绿色发展从生态文明建设的角度重新审视人与自然的关系，认

---

① 中共中央文献研究室编：《习近平关于社会主义生态文明建设论述摘编》，中央文献出版社 2017 年版，第 826 页。

为人与自然是平等的关系（包括人与自然的平等、现代人的平等、现代人与子孙后代的平等），而不是从属关系，更不是征服与被征服的关系。强调大力推动中国绿色外交和绿色国际合作，推动全球环境秩序和规则的改革与更新，建立全球绿色发展模式，提高全球环境安全水平，为中国走绿色发展道路创造良好的国际环境。

党的二十大报告指出，"大自然是人类赖以生存发展的基本条件。尊重自然、顺应自然、保护自然，是全面建设社会主义现代化国家的内在要求"。人类发展史就是人与自然关系史，环境问题是人与自然关系不平衡的表现。人与自然和谐共生既是未来的发展理念，也是行动指南。纵观人类文明进程，原始文明时代人对自然是崇拜的，世界不少地方存在的"图腾"就是例证；农业文明时代人对自然是尊重的，"日出而作，日入而息"就是经典理论；进入工业文明时代，随着生产力水平的提高，"征服自然"成为西方式现代化的重要内涵，其结果导致人与自然关系的失调，按照西方式的现代化模式，既不符合中国国情，也难以为继。工业革命后建立的经济活动只是人与自然关系的一部分，但人们看待世界的视角大多是狭隘的经济视角。西方环境治理思想对当今世界生态环境问题的复杂性和严重性缺乏认同，盲目自信可以借助市场手段和技术变革应对生态环境问题，以机械论世界观为基础的二元对立思维增强了西方国家战胜自然的盲目自信，忽视资本主义扩大再生产与自然资源有限性之间的根本矛盾。因此，在这个狭隘的经济视角下，不仅不能真正理解和解决人类面临的不可持续发展危机，反而会加剧危机。传统经济学是传统工业时代的产物，局限于视野狭隘的"人与商品"之间的关系，"人与商品"之间的关系只是"人与自然"更宏大关系的一部分。无论是人类中心主义还是自然中心主义，其预设的根本前提就是人与自然的二元对立。从这种狭隘的视野看问题，就会忽略自然生态运行规律，在经济发展的过程中造成巨大的环境代价。在过分强调生态非中心主义和过分强调自然服务于人类价值的"人类中心论""工具价值论"的主导下，传统的工业生产方式越来越脱离自然生态系统，导致生产和消费的无限扩张，甚至导致目标和手段的逆转，破坏了人与自然的和谐关系，最终导致生态危机。习近平生态文明思想与马克思主义生态文明观中"自然第一性，人类第二性""人本身是自然的产物""未来的巨大变化是人与自然、人与自身的和谐"① 等逻辑阐述高度一致，本质上是在中国特色生态文明建设实践的基础上本土化的马克思主义生态观，是马克思主义人与自然辩证统一哲学思想基础上的继承和发展、创新。习近平总书记在青海省考察工作时曾多次强调："大自然是包括人在内的一切生物的摇篮，是人类赖以生存发展的基本条件。""人类发展活动必须尊重自然、顺应自然、保护自然，否则就会遭到大自然的报复。这是规律，谁也无法抗拒。"习近平生态文明思想的理论渊源根植于马克思主义生态观，是基于马克思"人以自然为生"的生态观和恩格斯"人若能通过科学创造征服自然，自然力量也会报复人"的生态观的延续。马克思说过："人创造环境，环境创造人。"② 绿色发展中的"发展"本身是一个动态的过程，人与自然的关系不是一成不变的，也不是简单的相互适应或相互妥协。在经济发展水平较低的阶段，人与自然的关系简单朴素。但当经济发展到一定程度时，人与自然关系更多地掺杂了经济、政治、技术、文化等因素，绿色发展表现为人与自然相互融合、螺旋上升的过程。习近平生态文明思想对马克思主义生态观人与自然辩证关系理论进行了延展和创新，发展了马克思主义人与自然关系理论，深化了对人与自然关系的认识。

第二节   基本内容

一   绿色发展

习近平生态文明思想体现了鲜明的绿色发展观，涵盖"贯彻绿色发展理念""创建绿色发展模式和生活方式""促进绿色发展"和"创建经济、技术创新、能源和生活方式四大体系"。党的二十大报告从"加快发展方式绿色转型""深入推进环境污染防治"

---

① 《马克思恩格斯文集》第 1 卷，人民出版社 2009 年版，第 76—77 页。
② 《马克思恩格斯文集》第 3 卷，人民出版社 2009 年版，第 43 页。

"提升生态系统多样性、稳定性、持续性""积极稳妥推进碳达峰碳中和"四个方面，对推动绿色发展做出进一步部署。党的二十大报告指出，"加快发展方式绿色转型。推动经济社会发展绿色化、低碳化是实现高质量发展的关键环节"。发展是人类永恒的主题，发展的概念和方法不同，人们为解决发展问题所定义的价值观、方法和原则也不同。以短期经济利益为核心的单一发展目标下，人与社会、生态文明的发展往往被忽视。在现代化建设过程中，单一目标下的发展模式下各类矛盾会随着经济发展不断暴露，并反过来成为阻碍经济可持续发展的重要因素。传统发展模式下过分强调经济高速增长而忽视了自然生态保护，由此形成巨大的环境代价和治理成本成为经济社会可持续发展的重要威胁，导致粗放的过分强调短期经济利益单一目标的发展方式难以为继。绿色发展概念是可持续发展概念的进一步发展，其特点是：第一，绿色发展过程强调经济、社会和自然系统的相互联系和发展目标的多样性，即系统性、协同性。这也非常接近中国传统哲学天人合一的自然愿景。第二，绿色经济的增长机制是绿色发展的核心。这种增长模式的一个显著特点是绿色经济的份额不断增加。这意味着，占 GDP 较低比重的低成本和绿色产业在使用清洁技术、清洁能源和绿色资本产生的价值中占很大比例。绿色增长模式强调低资源消耗和低污染物排放，实现了经济增长与资源消耗和污染物排放之间的高效对接。一套完整的绿色发展体系是创造现代优质经济体系的前提，实现绿色发展方式转型，就是将生态效益在各产业中融合应用，形成以生态农业、生态工业和生态服务业为主的生态环境保护、绿色创新的现代生态产业体系，实现经济、社会和生态效益的双赢发展。包括改变大规模的生产和消费方式，协调和适应资源、生产、消费等因素；构建低碳、环保、高效的现代能源体系，合理利用自然资源，构筑生态屏障；在更高的发展水平上恢复和平衡人与环境的关系，符合生产力与生产关系的客观规律。构建绿色发展的生态体系，必须将经济社会发展过程的循环性、创新性与技术化有机结合，实现经济效益与生态效益的兼顾。对传统产业科学合理地进行生态化转型，走绿色低碳循环发展之路。加强绿色技术研发创新，强化新技术对生态环境的影响和作用，走绿色技术创新推动绿色发展的道路。既保证经济增长，又注重社会发展和生态平衡，实现经济、社会和生态效益的有机统一。

党的二十大报告对绿色转型提出了更高的要求。党的二十大报告指出，"加快推动产业结构、能源结构、交通运输结构等调整优化。实施全面节约战略，推进各类资源节约集约利用，加快构建废弃物循环利用体系。完善支持绿色发展的财税、金融、投资、价格政策和标准体系，发展绿色低碳产业，健全资源环境要素市场化配置体系"。加快产业绿色转型，要推动节能降碳先进技术研发和推广应用，大力发展循环经济新业态，促进资源在生产、流通和消费过程中的循环利用和节约，提高资源利用效率，降低能源、资源过度消耗。综合利用税收、补贴和宣传推广等多种手段，鼓励消费者购买带有环境标志的绿色商品，控制间接碳足迹和消费的环境足迹，在全国范围内广泛推动碳减排行动。深化生产结构改革，通过财税政策或补贴加快绿色生产方式转型和产业结构绿色升级。只有大幅减少污染源的排放量，环境质量才能大大改善。经济和能源结构的调整不仅将提高经济发展水平，而且将减少污染物排放的负担。大力支持能源技术革命，推进节能环保技术研发和推广应用，确保国家能源安全，有效控制温室气体排放，积极适应气候变化。加强水资源保护，促进水资源循环利用，提高水循环系统建设水平和覆盖范围，通过强化投融资支持，全面支持水管理和水循环系统建设。严格保护耕地等国土资源，特别是基本农田，并严格控制其使用，提高国土资源利用效率。加强矿产资源的勘查、保护和合理开发，提高矿产资源综合利用水平。优化基本经济战略和推动产业结构的绿色转型，优化区域经济，调整区域生产结构。发展高效农业、先进生产和现代信息技术服务。支持资源的全面保护和循环利用，并实现生产系统和生活系统之间的良性循环。

党的二十大报告指出，"倡导绿色消费，推动形成绿色低碳的生产方式和生活方式"。强调在全社会范围内大力培育生态价值观，从根本上推动绿色发展模式和生活方式的转型。加快形成绿色发展模式是解决污染问题的主要途径之一。在革命性的绿色生活方式转变基础上倒逼市场主体生产方式的绿色转型，打造绿色低碳产业链，推动形成绿色生产方式，深入贯穿绿色发展理念。从工业化时代单一线性的从原料到产品的发展方式转换成可双向循环的绿色发展模式。加快建立环境产品销售和价值转移机制，将环境资源转化为具有经济和社会价值的消费品，建立健全环境资产、环境信用和环境产品认证交易市场体系，将生态价值的开发利用纳入制度体系改革和发展模式创新的全过程。通过培养生态价值观，促进生活方式的改变，强化需求侧结构优化管理，倒逼生产方式低碳转型。环境破坏主要是由于过度使用资源、能源超负荷消耗造成的。打造低碳环保的生态文化必须从源头做起，改变高污染、高消耗的惯性思维和生活方式，以保护和节约资源作为环境治理的主要手段。要从根本上推动价值观念转变，贯彻资源节约、集约利用、循环利用的理念，支持资源利用体制的根本转变，加强环境保护防治和全过程监测、管理，实行能源消耗双重控制，并将其根植在社会文化土壤中，提高全社会整体资源利用效率，推动绿色生活方式在全社会范围内的普及和推广。改革消费理念和消费习惯，大力推进适度环保碳消费，反对奢侈品和过度消费。广泛开展绿色家庭、绿色学校和绿色社区建设，普及绿色旅游等绿色经济业态。

二　人与自然和谐共生

促进人与自然和谐共生是中国式现代化的本质要求之一。党的二十大报告指出，"中国式现代化的本质要求是：坚持中国共产党领导，坚持中国特色社会主义，实现高质量发展，发展全过程人民民主，丰富人民精神世界，实现全体人民共同富裕，促进人与自然和谐共生，推动构建人类命运共同体，创造人类文明新形态"。在"中国式现代化"历史演进中，继工业现代化、农业现代化、国防现代化、科学技术现代化之后，建设人与自然和谐共生的现代化的目标追求成为新时代生态文明建设思想中重要的目标定位。人与自然和谐共生是中国式现代化的重要特征。党的二十大报告指出，"中国式现代化是人与自然和谐共生的现代化"。"必须牢固树立和践行绿水青山就是金山银山的理念，站在人与自然和谐共生的高度谋划发展。"习近平生态文明思想将现代化建设过程中实现人与自然和谐共生放在突出的高度，为现代化建设总体规划提供了自然生态边界。习近平总书记曾指出："我国建设社会主义现代化具有许多重要特征，其中之一就是我国现代化是人与自然和谐共生的现代化，注重同步推进物质文明建设和生态文明建设。"习近平生态文明思想基于马克思主义文明观提供了现代化建设生态文明视野，将生态文明建设融入现代化建设中，提出现代化建设中人与自然和谐共生的价值导向，拓宽了现代化建设的视野和格局，深化了发展方式的绿色转型变革绿色发展理念。习近平还指出，"生态环境问题，归根到底是资源过度开发、粗放利用、奢侈消费造成的。资源开发利用既要支撑当代人过上幸福生活，也要为子孙后代留下生存根基"。这就要站在人与自然和谐共生的高度，规划经济社会发展，从可持续性入手，系统分析，综合施策。要把资源环境承载力作为硬约束，划定生态红线，着力转换动力、创新模式、提升水平、提高质量，努力建设社会主义生态文明新时代的美好中国。党的二十大报告提出，全面建成社会主义现代化强国，总的战略安排是分两步走：从 2020 年到 2035 年基本实现社会主义现代化，其中包括"广泛形成绿色生产生活方式，碳排放达峰后稳中有降，生态环境根本好转，美丽中国目标基本实现"；从 2035 年到本世纪中叶把中国建成富强民主文明和谐美丽的社会主义现代化强国。这就要求我们人与自然和谐共生支持中国式现代化目标的实现。

三　绿水青山就是金山银山

党的二十大报告指出，"必须牢固树立和践行绿水青山就是金山银山的理念，站在人与自然和谐共生的高度谋划发展"。"绿水青山就是金山银山"的重要思想，是基于中国特色环境治理实践形成的理论创新，为新形势、新阶段解决发展与环境的突出矛盾提供了实践引领。2005 年 8 月 15 日，习近平同志在浙江省安吉县余村调研时首次提出"绿水青山就是金山银山"的重要理念。2015 年 3 月，"绿水青山就是金山银山"的理念被写进《关于加快推进生态文明建设的意见》，成为中国生态文明建设的指导思想。党的二十大报告提出，"建立生态产品价值实现机制，完善生态保护补偿制度。环境保护就是保护自然的经济价值"，提高自然资本的价值增值，把"生态资本"转化为"富足资本"，是以解决发展问题和实现人民富裕为出发点的。习近平总书记曾指出，"资源浪费的一个重要原因，就是反映资源性产品稀缺程度和供求关系的价格形成机制尚未建立起来"。2016 年，习近平总书记在中央经济工作会议上指出，"要加快发展绿色金融，支持制造业绿色改造，引领实体经济向更加清洁方向发展"。2019 年，中央全面深化改革委员会第六次会议审议通过了《关于构建市场导向的绿色技术创新体系的指导意见》。习近平生态文明思想强调兼顾市场机制与政策引导的制度建设，提倡环境治理需要综合运用行政、市场、法治、科技等多种手段，提高环境治理效率。环境治理不仅仅涉及资源环境保护的问题。随着工业化和城市化进程的加快，农村发展面临着环境恶劣、经济萧条、收入增长缓慢、劳动力外流严重、经济增长乏力、城乡差距拉大等诸多困难。在缺乏有效的价值实现机制的情况下，自然资源的生产和开发成本低于社会成本，并且以自然资源为基础的产品价格较低，因此环境保护无法带来足够的效益。究其原因，是"生态资本"向"富民资本"转化存在障碍。如果"将生态环境优势转化为生态农业、生态工业、生态旅游等生态经济优势，那么绿水青山将成为金山银山"。因此，依托绿水青山培育新的经济增长点，是突破农村发展瓶颈、振兴农村经济的关键。环境治理工作既需要发挥政府的作用，提供强有力的政策保障，更要借助市场力量，让市场的"无形之手"调动各类环境利益主体的积极性，通过价格机制充分发掘自然资本的增值潜力和协调环境利益分配，提高资源配置效率。习近平生态文明思想提出的坚持市场导向，就是要充分发挥市场机制和经济杠杆在环境治理中的作用，从根本上消除导致产业结构低水平和经济增长方式粗放的制度根源，建立能够反映资源稀缺性的市场价格机制。要充分发挥价格信号作用，完善资源环境定价、交易机制，将生态环境成本纳入经济运行成本，通过市场机制高效协调各类环境利益主体的矛盾，强化环境责任合理分担，加快构建低碳环保的现代市场体系。要充分运用市场化手段，推进生态环境保护的市场化进程，将更多的社会资本引入生态环境保护领域。充分发挥市场机制在环境资源配置中的效率优势，形成真正反映资源稀缺性和市场供求的包含环境污染成本的生态品价格。通过政策和市场相结合的方式，加快推进应对经济和社会发展所带来的重大环境问题项目研究，并加快成果的转化和应用，为科学决策、环境治理提供指引。习近平生态文明思想的绿色发展理念要求有序开放开采权，改革能源使用体制，建立有效的市场竞争机制。要建立有效的资源使用权、排放权和碳排放权初始分配制度，开发和发展碳交易市场，加快构建现代化低碳环保市场体系。建立现代化环境治理投资融资体系，发展支撑产业绿色转型的绿色融资体系构建。引导建立绿色发展基金，建立和完善市场化环境治理支撑机制。拓宽解决环境问题和发展环境事业的途径，有效弥补政府治理机制的不足。要以多种方式支持政府和社会资本合作项目，综合运用财政、税收、金融等政策手段强化政府的引导作用。加快生态产品供给结构改革，加快构建低碳环保产业新形态。要因地制宜整合生态资源，充分把自然资本调动起来开发新经济、新业务。依托生态优势和人力资本优势，大力发展电子商务、互联网金融、智能制造、医疗、养老保障等新业态。

四 人与自然是生命共同体

党的二十大报告指出，"人与自然是生命共同体，无止境地向自然索取甚至破坏自然必然会遭到大自然的报复。我们坚持可持续发展，坚持节约优先、保护优先、自然恢复为主的方针，像保护眼睛一样保护自然和生态环境，坚定不移走生产发展、生活富裕、生态良好的文明发展道路，实现中华民族永续发展"。生命共同体理念提倡在环境治理中注重把握生态系统自身的运行规律，强调整体、协同、全局层面的环境治理观。人与自然是具有辩证关系的矛盾统一体，环境治理要把握人在自然生态系统中的特殊性和人类实践活动与自然生态系统的互动规律。人与人也是具有辩证关系的矛盾统一体，作为环境治理的主体，从部门到地区到国家层面，人类社会存在复杂的合作和利益关系，因此环境治理工作还要在充分把握治理的主体的制度安排和各方利益的协调，充分调动人的主观能动性是环境治理有力推进的重要基础。命运共同体理念强调系统整体的环境治理观，与各自为政、单打独斗的传统环境治理理念相对应，命运共同体理念下的环境治理观不再是自然生态互相割裂、人类实践与自然生态系统相互对立和各方利益主体相互分割的方法论，而是强调从全局思维出发，将环境治理工作放在自然生态系统、人与自然生态系统的逻辑框架下对各个组成要素和利益主体进行系统保护和修复，强调在对客观规律的尊重和系统循环能力的修复的基础上，依靠全方位全区域全过程的综合系统防治充分协调各方环境利益主体的关系和发挥协同效应，实现生态、生产和生活的全方位协同治理和协调统一。

五　山水林田湖草沙一体化保护和系统治理

党的二十大报告指出，"我们要推进美丽中国建设，坚持山水林田湖草沙一体化保护和系统治理，统筹产业结构调整、污染治理、生态保护、应对气候变化，协同推进降碳、减污、扩绿、增长，推进生态优先、节约集约、绿色低碳发展"。以山水林田湖草沙的完整性和系统性为特征的自然生态系统具有稳定性、规律性、复杂性、多样性和系统性。在生态系统治理过程中，监督、建设和恢复离不开生态系统内部的完整性和系统化。党的二十大报告指出，"提升生态系统多样性、稳定性、持续性。以国家重点生态功能区、生态保护红线、自然保护地等为重点，加快实施重要生态系统保护和修复重大工程"。"加强污染物协同控制，基本消除重污染天气。统筹水资源、水环境、水生态治理，推动重要江河湖库生态保护治理"。习近平生态文明思想的环境系统治理观强调要对生态系统进行全面监督和系统治理，从"全过程"实行全面监督和系统治理。人与自然关系渗透到经济社会的各个领域，形成了紧密的网。党的二十大报告提出明确方向和要求："坚持精准治污、科学治污、依法治污，持续深入打好蓝天、碧水、净土保卫战。"低碳绿色转型是一项系统工程，必须从整体上全面考虑和推进。生态系统是一个有机体。要遵循系统工程的思想，用系统论的思想方法看待问题，努力进行全局规划，寻找重点，实现全方位、全区域、全过程的生态环境保护建设，全面提高自然生态系统的稳定性和生态服务功能，构筑强大的生态安全屏障。习近平生态文明思想创造性地提出了环境治理的系统思维，强调要树立大局观、长远观、整体观。为转变传统模式下边污染边治理、单一经济发展目标、高环境治理成本的发展理念和方式指明了新的方向，为应对日益严峻的环境形势和扭转不利的发展局面提供了理论指导，有力推动环境治理工作形成全方位、全过程生态管理的新局面。生态文明建设是一项艰巨而复杂的系统工程，深入推进生态文明建设涉及不同领域、不同部门的高效协作，需要优化顶层设计，在更高的站位进行整体谋划、制度保障。要按照人口资源环境相均衡、经济社会生态效益相统一的原则，统筹人口分布、经济布局、国土利用、生态环境保护，科学布局生产空间、生活空间、生态空间，给自然留下更多修复空间。习近平生态文明思想主张"要加强宏观思考和顶层设计，更加注重改革的系统性、整体性、协同性"。通过优化顶层设计建立系统的整体规划，协调常态治理，促进地方污染治理的区域协调和部门协调。同时，采取多种政策工具、各类环境责任主体广泛参与，加快形成全社会共同行动的环境治理新格局，提高环境治理效率。加快建立上下游联动和区域一体化的工作机制，重点着眼于成本集中、利益共享、责任模糊等治理问题，最大限度地发挥全民生态治理的主观能动性。加快建立以生态价值为核心的生态系统，加快建立以工业生态和产业化为核心的现代化绿色低碳经济体系，建立以改善环境质量为核心的目标责任制，建立和完善生态文化体系和管理体系，以及建立以生态系统良性循环和有效防范环境风险为重点的生态安全体系。通过加快现代化低碳环保生态文明体系建设，大大提高中国经济发展的质量和效益。

第三章 新征程：习近平生态文明思想的深圳实践

第一节 "生态+"的产业创新融合发展模式

人类的工业化进程已经使生态环境所承受的压力远远超过了其自净能力，频发的全球性生态灾难使人类意识到生态恢复、环境净化和资源保护才是保障人类生存的基本条件，这些观念逐渐取代了工业化阶段无限索取的思维模式。深圳遵循生态系统的内在规律，不断优化其产业结构和能源结构，在保持经济高速增长的同时，兼顾生态环境保护与城市可持续发展。深圳实现单位 GDP 能耗逐年稳定下降，由 2010 年的 0.51 吨标准煤/万元下降至 2019 年的 0.34 吨标准煤/万元，下降幅度达 33.3%（见图 3-1）。

实现从"高碳经济"向"低碳经济"的转变，是深圳产业结构的重大调整，是从外生驱动向内生驱动、从低效率扩张向高效率创新、从资源消耗型向资源节约型转变的重要组成部分。深圳近年来走出一条经济增长与能源消耗的"逆向曲线"，之所以成功，关键是在战略性新兴产业和现代服务业做"加法"、在传统优势产业做"减法"、在绿色低碳产业做"乘法"、在高耗能产业做"除法"，四维发力，推动产业结构优化升级，使经济的低碳特征更加显著。

一 战略性新兴产业和现代服务业做"加法"

战略性新兴产业和现代服务业具有知识技术密集、物质资源消耗少、成长潜力大、综合效益好等特征，使环境保护与经济发展相

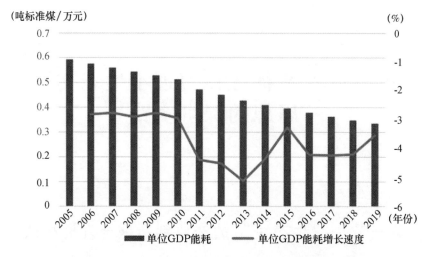

图 3 – 1　2005—2019 年深圳单位 GDP 能耗及增长速度

资料来源：《深圳市统计年鉴》。

协调，寻求最佳的环境效益、经济效益和社会效益，引领带动经济社会实现又好又快发展。深圳近年来大力推进战略性新兴产业和现代服务业发展，2021 年深圳战略性新兴产业增加值为 1.21 万亿元，占 GDP 的比重达 39.6%；现代服务业增加值增长 7.5%，占服务业增加值的比重高达 76.2%，打造了高质量发展"深圳样板"。

（一）高度重视，营造良好的政策和发展环境

深圳在加快培育和发展战略性新兴产业和现代服务业方面，早部署、早谋划，在 2010 年专门出台加快产业转型升级的"1 + 4"文件，随之陆续出台《深圳市现代服务业发展"十二五"规划》《深圳市现代服务业发展"十三五"规划》《关于加强企业服务支持战略性新兴产业发展的若干措施》《深圳市关于进一步加快发展战略性新兴产业的实施方案》《深圳市战略性新兴产业发展专项资金扶持政策》《深圳市人民政府关于发展壮大战略性新兴产业集群和培育发展未来产业的意见》，促进战略性新兴产业和现代服务业拓宽领域、增强功能、优化结构，为城市营造良好的生态环境提供有力支撑。"十二五"期间深圳战略性新兴产业占全市 GDP 的比重逐年提高，由 2011 年的 28.3% 提高到 2015 年的 40.0%。"十三

五"期间深圳战略性新兴产业稳步发展，增加值由 2016 年的 8091.67 亿元增长至 2020 年的 10272.72 亿元；现代服务业增加值从 2016 年的 8278.31 亿元增长至 2020 年的 13084.35 亿元，产业规模不断提升，质量不断优化。

（二）突出集聚，高标准谋划打造产业集群

产业集群是战略性新兴产业发展和现代服务业的主要产业组织形式，能够更加有效地配置资源，深圳主动布局建设产业集群，聚焦战略性新兴产业，出台《关于发展壮大战略性新兴产业集群和培育发展未来产业的意见》，立足区域资源禀赋、发挥各区比较优势，统筹优化全市战略性新兴产业国土空间布局，以"融通"思维促进"上下游、左右岸"发生"化学反应"。聚焦现代服务业，出台《深圳市服务业发展"十四五"规划》，突出了极点带动和轴带集聚，提出发挥前海深港现代服务业合作区和河套深港科技创新合作区服务业制度型开放创新示范效应，构建以两大国家级深港合作平台为引领的服务经济空间布局，将福田中心区、南山滨海总部区、大空港现代服务业集聚区打造成具有高端要素配置功能的国际服务枢纽。

（三）创新引领，产业绿色升级活力迸发

技术攻关支持政策不断完善，按照"需求出发、目标导向，精准发力、主动布局"的总体思路，为破除"关键零部件、核心技术、重大装备受制于人"发展瓶颈难题，深圳制订实施技术攻关计划，加大资金支持力度，助力高新技术企业攻克关键核心技术。研发投入力度进一步加大，2016 年以来深圳实施企业研发资助计划，对企业的研发费用支出按照一定比例予以资助，引导企业加大研发投入，增强自主创新能力，2021 年，深圳全社会研发投入占 GDP 的比重首次突破 5%，高达 5.46%，居国内大中城市前列。关键核心技术不断取得新突破，一批有影响力成果脱颖而出，5G 技术、超材料、基因测序、3D 显示、石墨烯太赫兹芯片、柔性显示、新能源汽车、无人机等领域技术创新能力处于世界前沿。基础研究支持力度创新高，新设立基础研究专项资金，确保基础研究投入比例不低于财政科技专项资金的 30%，财政投入力度国内领先。

二　传统优势产业做"减法"

深圳市传统优势产业是支撑深圳经济的主要分支，但传统优势产业的发展与资源环境矛盾突出，尤其是资源消耗大、能源利用率低的家具、纺织、珠宝等传统优势产业。深圳市推动产业升级的过程中并不是要把传统优势产业"斩尽杀绝"，而是助推传统优势产业向低碳化方向转型，实现规模与效益双突破。

（一）发挥政府的绿色引导与调整功能

完善传统优势产业法律法规和技术规范。陆续发布《深圳市人民政府关于改造提升我市优势传统产业的若干意见》《关于加快产业转型升级的指导意见》《深圳市加快产业转型升级配套政策》等，不断出台《服装面辅料管理要求规范》《废旧织物回收及综合利用规范》《贵金属饰品加工企业废水处理及排放技术规范》等，对传统优势产业的绿色化转型从制度层面更加规范化和细致化管理，对企业产品"从摇篮到坟墓"过程的环境影响进行评级，对级别高的企业给予政策上的扶持和便利，以及经济上的优惠，对级别低的企业要求限期整改，整改不达标或未进行整改的进行严厉惩罚或责令倒闭，推动传统优势产业的绿色升级改造。

（二）"生态＋标准"精准匹配传统优势产业

"生态＋标准"双轮驱动，实现传统优势产业高质量发展。2012年5月深圳市发展和改革委员会出台《深圳市低碳发展中长期规划（2011—2020年）》，提出传统行业利用先进技术降低生产成本和资源能源消耗、提升生产效率和附加值的转型思路。2015年深圳市人民政府发布《打造深圳标准构建质量发展新优势行动计划（2015—2020年）的通知》，提出着力提升生态发展标准水平，提高资源节约及集约利用标准，以先进标准促进制造业转型升级，推动传统优势产业向价值链高端发展的目标。企业在生产制造过程中以标准为指导，在产品制造过程中从管理、制造技术、制造工艺和制造设备等方面加强绿色制造，降低能源消耗，减少环境污染，明确生产者责任延伸制度，构建一整套与传统优势产业绿色发展匹配的标准体系。

（三）鼓励传统优势产业技术创新和技术改造

加大财政资金扶持力度，以普惠方式实施技术改造项目投资补贴，允许技术改造普惠性投资补贴政策与其他资金计划实施政策叠加。2014 年《深圳市推进眼镜产业转型升级专项行动方案（2014—2016 年）》发布，提出推动建立眼镜标准联盟，推动具备条件的企业积极参与国际、国家和行业标准修订更新，在优势领域策划形成一批"领跑者"标准，同时支持眼镜企业积极运用如超轻、抗冲击、防紫外线、记忆等新型环保材料，提升镜架和镜片产品质量。2017 年《深圳市绿色制造体系建设实施方案》提出采用高性能、轻量化、绿色环保的新材料，开发具有无害化、节能、环保、高可靠性、长寿命和易回收等特性的绿色产品对模具行业有着重要的影响和约束力。2017 年《盐田区黄金珠宝加工业废气治理技术升级补贴实施办法》和《盐田区黄金珠宝加工业废气整治专项行动方案》施行，大力支持黄金珠宝企业设备升级改造、淘汰落后产能和落后工艺，开展黄金珠宝加工业废气整治，建立黄金珠宝全天候、全方位废气在线监控系统。

三 绿色低碳产业做"乘法"

（一）建立推动绿色低碳产业发展的激励机制

2012 年 8 月出台《深圳市循环经济与节能减排专项资金管理暂行办法》，加大对节能减排企业的扶持力度，专项资金采用无偿资助、贷款贴息和奖励等方式，对循环经济和节能减排项目，根据其影响力、示范效果、技术先进性等给予项目总投资 20%—30%的资助，单项资助额最高不超过 1500 万元。2014 年 4 月发布《深圳节能环保产业振兴发展规划（2014—2020 年）》，提出深圳将重点发展高效节能、先进环保、资源循环利用等领域的科技研发、装备制造、推广应用以及产业服务，努力将深圳建设成为中国重要的节能环保产业基地和创新中心。与该规划同步出台《深圳节能环保产业振兴发展政策》，提出自 2014 年起，连续 7 年，市财政每年集中 5 亿元，设立节能环保产业发展专项资金，用于支持节能环保产业发展。

（二）大力推进绿色低碳领域共性关键核心技术攻关

深圳抓住国家调结构促转型的机遇，加快发展各类技术平台，做好关键技术布局，借鉴吸收国内外良好的经验进行本地化，通过设立循环经济与节能减排专项资金、节能环保产业发展专项资金和绿色低碳产业发展专项资金，加速技术升级。在高效电机及其控制系统、高效风机、高效储能、高效节能电器、高效照明产品及系统、节能智能控制、绿色建筑材料、节能交通工具等高效节能领域，在环境监测仪器设备、电子行业废水处理、除尘脱硫脱硝技术、水生态修复技术、城市生活污水处理等先进环保领域，在危险废物资源化利用、垃圾焚烧发电、电子废弃物和废旧集装箱回收再利用等资源循环利用领域的技术，深圳处于全国领先水平。

（三）营造"企业＋园区＋技术"绿色低碳产业良好生态

深圳绿色低碳产业基本形成以典型企业为引领、产业园区为平台、领先技术为支撑的绿色低碳产业格局，培育了中广核、比亚迪、汇川、格林美、中兴新能源等众多具有自主创新优势、综合实力强的骨干企业。拥有龙岗深圳国际低碳城、坪山新能源汽车产业基地、龙华福民低碳产业园、光明新材料和新能源产业园区、宝安立新湖战略性新兴产业基地五个代表性产业园和一批代表世界顶尖水平的新能源、环保、节能储能技术，如节能和储能蓄能领域的前沿技术、创新的风力发电与 VR 融合技术、生物质能领先技术等。2020 年深圳绿色低碳产业增加值为 1227 亿元，约占战略性新兴产业增加值的 11.94%，且一直保持持续增长的趋势。

（四）构建绿色发展评价考核指标体系

深圳将单位 GDP 二氧化碳排放、单位 GDP 能耗等指标纳入国民经济和社会发展五年规划，作为重要的考核指标。出台《深圳市单位 GDP 能耗统计指标体系及检测体系实施方案》，推动建立和完善能源统计核算与节能降耗统计制度，对能耗指标数据进行监测，对提升深圳低碳发展能力、促进节能减排具有重要的支撑作用。开展低碳企业评价。2018 年深圳出台了《低碳企业评价指南》，明确低碳企业是依据低能耗、低污染、低排放原则，通过实施管理、技术和工程等减排措施，减少碳源、形成低碳发展模式的企业，并制定了由低碳生产、低碳环境和低碳管理 3 个一级指标，温室气体排放控制、能源节约等 7 个二级指标，以及碳排放强度行业占比、可再生能源消耗比重等 19 个三级指标构成的低碳企业评价指标。

四 高耗能产业做"除法"

（一）产业政策引导

2010 年前后深圳面临着空间、资源、人口、环境等方面的严重压力，2011 年出台《深圳市人民政府关于加快产业转型升级的指导意见》，提出了产业升级与转移合作相结合、城市更新与产业转型相结合、技术创新与成果转化相结合、淘汰低端与引入高端相结合的四大产业转型升级战略。2012 年出台《深圳市加快产业转型升级配套政策》，推动生产方式向绿色低碳转变，推动产业布局向协调集聚转变，构建以"高、新、软、优"为特征的现代产业体系。2013 年深圳根据国家产业结构调整指导目录，结合地方发展实际，在综合考虑能耗、排放、质量、安全等因素的基础上，制定产业结构调整优化和产业导向目录，科学界定高污染行业和高环境风险产品标准，将万元 GDP 能耗、水耗作为产业导向目录的核心指标。

（二）借力价格杠杆调节作用

深圳加快水、电、气价格机制改革，实施差别水价、电价、气价政策。高耗能、高污染、高排放企业由于利润偏低，对成本投入有较强的敏感性，深圳充分发挥水、电、气、最低工资等价格杠杆作用，逐步提高低端企业的运营成本，运用市场"无形之手"加快淘汰步伐。对于已经认定的高耗能产业淘汰类、限制类企业，开展全面排查摸底和甄别认定，公开发布企业名单，并实施动态管理，严格落实差别化水电气价格政策。对于能源消耗超过现有标准能耗限额的企业，推行非居民用户超计划、超定额用水电气累进加价收费办法，加大征收力度，提高排污费征收标准，在全国率先建立起以反映水资源稀缺性为核心的水价机制，实施原水价格与自来水价格联动调整，不断优化原水、自来水、再生水等各类水价的比价关系。此外，将深圳的最低工资水平由 2010 年的 1100 元提高到 2015 年的 2030 元，实现五年内翻一番，提高劳动密集型企业的用工成本，倒逼低附加值企业转型。通过有序引导低端制造环节向外转移，为新兴产业和高端产业的发展腾出空间。

（三）发挥绿色信贷的激励作用

绿色信贷是为了遏制高耗能高污染产业的盲目扩张而推出的新兴信贷政策，核心是对不符合产业政策和环境要求的企业进行信贷控制，将企业环保情况作为商业银行审批贷款的必备条件之一，发挥金融对环境保护的促进作用。深圳通过严控银行资金对落后产业的支持，通过"釜底抽薪"加快"两高一低"产业淘汰。

深圳市生态环境部门与金融系统合作，签署企业环保信息提供及信用查询服务协议，将环保违法企业信息纳入金融机构企业信用信息基础数据库，对环保违法企业停止发放贷款，直至其整改达标。出台《深圳市排污单位环境信用评价管理办法》，排污单位环境信用评价实行100分记分制，设置四个等级，90分及以上为环保诚信企业（绿牌），75—90分为环保良好企业（蓝牌），60—75分为环保警示企业（黄牌），60分以下为环保不良企业（红牌），根据排污单位环境信用评价结果实施分级分类监管，分别采取激励性、约束性和惩戒性措施。

五 绿色金融推动产业升级

随着迈入产业结构和能源结构调整和转变的关键时期，低碳化的产业体系和清洁化的能源体系对金融的需求日益强劲，深圳逐步探索出一条具有深圳特色的绿色金融体系道路。

（一）率先开展立法，完善绿色金融政策架构

深圳市高度重视政策的推动和保障，2020年出台了《深圳经济特区绿色金融条例》，这是中国首部绿色金融地方法规，也是全球首部规范绿色金融的综合性法案。

深圳市人民政府陆续印发《关于构建绿色金融体系的实施意见》和《关于加强深圳市银行业绿色金融专营体系建设的指导意见》，通过实施绿色金融政策引导金融资源发展转向绿色低碳化，加强金融体系与气候变化管理之间的关联性。逐步建立健全绿色金融标准体系，明确监管责任主体与奖惩制度，完善绿色金融产品交

易的市场秩序，持续探索绿色金融国际合作。

（二）创新产品服务，构建绿色金融生态体系

深圳绿色金融产品已从过去单一的绿色信贷拓宽到涵盖绿色债券、绿色基金、绿色保险、绿色信托等业务领域。截至2022年一季度末，深圳辖内绿色贷款余额为5361.3亿元，同比增长43.6%。从资金投向来看，主要投向可再生能源及清洁能源项目与绿色交通运输项目领域，同时不断推出绿色金融支持中小微企业发展信贷产品。在绿色基金的设计、运营、更新等方面具备绝对的优势和资质，累计已发行114只私募基金，从年份上看，2016—2018年是发行高峰期，分别新设立了27只、34只、22只，总计占比为72.8%；从形式上看，包含66只有限合伙制私募基金和48只公司制私募基金；从类别上看，包括股权投资基金、创业投资基金、其他环保产业投资基金。绿色保险创新取得新突破，2018年7月率先推行环境污染强制责任保险，并将其列为全市生态文明体制改革重点任务统筹推进，力争为全国推行环境污染强制责任保险制度提供可复制、可借鉴的经验。截至2018年，已有电镀、石油库、危险化学品等十大行业的1066家企业列入试点企业名录。

（三）优化碳交易市场，完善“双碳”市场化机制

深圳作为全国首批碳交易市场试点之一，2013年率先启动碳交易市场，为推动全国碳排放交易做出了重大贡献，基本形成了完善的碳交易法律法规、开放透明的碳交易管理。

完善法规，严格实施。深圳市率先形成了国内较为完善的碳交易的法律法规体系。首先，采取了先立法后建立碳市场的模式，深圳市在碳交易启动之前，即以地方人大立法形式通过了《深圳经济特区碳排放管理若干规定》，成为国内首部确立的碳交易制度的法律。之后市政府又颁布了《深圳市碳排放权交易管理暂行办法》，管理规则达86条，内容之广和规定之细居各试点省市出台的碳交易管理办法之首。

优化制度，严格管理。深圳市碳交易体系涵盖六大制度，一是碳排放管控制度，这是碳排放权交易制度运行的前提条件，依照法律法规对特定行业内规模以上的企业碳排放进行管理；二是碳排放

配额管理制度，这是碳排放管控制度的具体实现方式，采用无偿和有偿两种配额分配方式，根据经济结构、行业特点和企业实际，对不同行业采取不同的分配方式，力求配额分配兼顾效率和公平；三是碳排放抵消制度，深圳试点引入了由国家发改委建立的国家自愿减排交易机制，由其签发的核证自愿减排量（CCER）即可用于受控企业的履约；四是碳排放权交易制度，制定《深圳排放权交易所现货交易规则（暂行)》和《深圳排放权交易所会员管理规则（暂行)》，对交易市场、交易方式、交易会员等内容进行了全方位规定；五是碳排放监测核算、报告与核查制度，保证碳排放核算的规范性、数据的准确性与真实性；六是履约奖惩制度，对不遵守碳排放管控制度、配额管理制度等碳交易相关制度的行为进行处罚，对积极参与碳市场的参与者进行奖励，是碳交易机制运行的重要保障。

深圳碳市场自启动以来，市场流动率连续七年位居全国第一，成交量第三、成交额第四，全国二级市场配额现货成交额率先突破1亿和10亿两个大关。截至2021年2月28日，深圳市碳市场配额成交量5819万吨，成交金额13.79亿元；CCER成交量1969万吨，成交金额2.33亿元，为深圳绿色低碳发展做出了贡献，有效助力深圳"双碳"目标实现。

专栏：比亚迪新能源汽车项目

汽车工业发展到一定阶段必然走向电动化，然而这一变革成本和风险极大，不是单个企业可以承受的。2018年国家发改委批复比亚迪发行不超过60亿元的绿色债券，为比亚迪新能源汽车发展注入一针强心剂。绿色债券在行业领域和监督管理层面要求苛刻，资金流向须是国家规定的绿色产业，项目环境效应须定期披露。但在审批方式、政府补贴、资金使用等方面有着一般企业债券难以比拟的优势，可享受发改委"加快和简化审核类"债券审核程序，上交所和深交所均开通针对绿色债券的绿色通道，能享受一定的地方优惠补贴，允许企业使用不超过50%的募集资金补充营运，在一般企业债券的规定中这一比例为20%。

依据国家发改委批复，比亚迪绿色债券所筹资金中 30 亿元用于新能源汽车项目，30 亿元用于补充运营资金。2019 年 6 月第一期比亚迪绿色债券正式发行，由国开证券、平安证券、英大证券担任主承销商，在深交所上市。募集资金用途一栏严格规定绿色债券的资金流向，募集资金主要投往比亚迪新建的若干新能源汽车及零部件、电池及电池材料、城市云轨等绿色产业项目，均属于《绿色债券发行指引》范畴，具有良好的社会和经济效益，符合国家产业政策和行业发展规划要求。

第二节 深圳的区域生态发展战略与实践

区域经济发展对速度与规模的追求，势必会带来生态环境压力的上升和负面影响的积累，后发区域面对的增长与生态的矛盾也势必更加严重。后发区域如何探索出一条有效的人与自然和谐共生的发展路径，直接影响其未来定位。要么是被视为潜力发展区、不断释放利好消息，否则将被视为重点帮扶对象、解决其拖后腿问题。深圳各区的发展也呈现一定的不均衡性，盐田区、大鹏新区、光明区不断交出令人满意的试卷，为如何解决不断加深的城市建设与生态保护矛盾、经济发展与环境容量矛盾提供了有效的路径选择，探索出一系列具有"生态＋"特色的区域发展新思路。

一 盐田区以制度创新纠偏资源路径依赖

盐田区屏山傍海，自然环境得天独厚。辖区内的梧桐山脉最高点是深圳的第一高峰，顶峰海拔 885 米，地貌以裸露的基岩和山林为主；海岸蜿蜒曲折，大鹏湾海域面积达 250 平方千米，海滨栈道长 19.50 千米，其中可供兴建深水泊位的海岸线为 6.7 千米。盐田区充分发挥自然资源禀赋优势条件，将旅游业、港口物流业作为初始产业选择方向，为区域经济发展奠定了良好的基础。实施"全域＋全季"旅游提升行动，率先出台全市首个全域旅游产业发展扶持办法，获"国家全域旅游示范区"称号；已获批建设港口型国家物流枢纽，盐田港集装箱年度吞吐量屡创新高，已达1416.1万标箱/年。

盐田区已实现经济增长和环境保护协同。2021年，盐田区地区生产总值达760.49亿元，同比增长11.1%；全口径税收收入达100.27亿元，同比增长18.7%；首次实现GDP年增量、全口径税收双破"百亿"大关。2012—2021年盐田区获得深圳市生态文明建设考核"十连优"、治污保洁工程考核"十连冠"、节能目标责任考核"五连冠"、水污染防治考核"三连冠"、实行最严格水资源管理制度考核"四连冠"，公众生态文明意识和对生态环境提升满意率连续八年位列各区第一。

盐田区作为自然资源禀赋优势明显的区域，摆脱了传统的资源导向型路径依赖，以制度创新实现经济增长与生态环境双兼顾的协同发展模式。这一协同演化过程与政府顶层设计对生态文明建设的高度敏感直接相关，得益于GDP与GEP双核算、双轨制、双运行，最大限度、最有效的全民思想意识提升。因此，盐田区已在高质量全面建成宜居宜业宜游的现代化、国际化创新型滨海城区的过程中，跑出增长与生态矛盾突破的"加速度"。

（一）以生态文明建设思想指导发展

盐田区紧跟国家生态文明建设要求，2012—2021年深度梳理与衔接国家、省、市关于生态文明建设的指导文件，先后两次有效制订与实施相关发展规划，全面指导盐田区生态文明建设不断迈上新台阶。2014年1月，编制完成《盐田区生态文明建设中长期规划（2013—2020年）》并通过人大审议颁布实施。通过创新改善体制机制、加快推进经济转型升级、协调经济社会发展与人口资源环境，以全面推进国家生态文明建设试点示范区工作，各项生态文明建设指标达到国内一流水平为近期发展目标；计划到2020年全面建成特色突出的国家生态文明示范区，成为"美丽深圳""美丽中国"的典范城区。规划评估结果显示，到2017年盐田区创建国家生态文明建设示范区的33个相关指标均已达标，涉及生态制度、生态环境、生态空间、生态经济、生态生活、生态文化六大方向。同年，推进对该项中长期规划的修编工作。2021 年 12 月，发布实施《盐田区生态环境保护"十四五"规划》，提出到 2025 年，生态环境质量率先达到国际先进水平，绿色生产和绿色生活方式全面形成；到 2035 年，生态环境质量稳居国际最优水平，绿色生产生活方式全面引领，成为竞争力、创新力、影响力卓著的生态文明建设标杆城区。

2012—2021 年，盐田区顶层设计对生态文明建设持续跟进历程最为突出的特征是方向导引敏感度强、适配性积极有效。2013 年，在全市各区中率先对党的十八大提出的生态文明建设做出战略部署，提出将创建国家生态文明示范区作为全区工作主轴，成立由区委书记、区长担任领导小组"双组长"的生态文明建设工作领导小组，印发《盐田区建设国家生态文明示范区行动方案（2013—2015年）》。2020 年，在深圳肩负建设中国特色社会主义先行示范区战略使命的第一个实践年，先于其他区出台勇当深圳建设中国特色社会主义先行示范区生态文明建设尖兵的行动计划，明确目标、任务和路径。

梳理 2012—2021 年盐田区顶层设计对生态文明建设持续跟进历程发现，区委、区政府一号文件对该领域发展倾斜态势明显。其中，2013 年以区委、区政府一号文件形式出台《关于建设国家生态文明示范区的决定》；2016 年再次以区委、区政府一号文件形式出台《关于加快建设国家生态文明先行示范区的决定》，配套印发了《盐田区国家生态文明先行示范区建设行动方案》和《盐田区生态文明建设全民行动计划》等系列文件；2020 年又一次以区委、区政府一号文件形式出台《盐田区勇当深圳建设中国特色社会主义先行示范区生态文明建设尖兵行动计划（2020—2025 年）》。相比之下，深圳市及其他各区政府一号文件较少涉及生态文明建设，2012—2021 年仅在 2017 年市委、市政府出台《深圳市大气环境质量提升计划（2017—2020 年）》，龙华区委、区政府出台《龙华区绿色建筑发展激励和扶持办法》。

（二）用好绿色指挥棒，协调 GEP 与 GDP

经济系统服务价值评估制下，GDP 核算体系已充分应用，与之

相匹配的生态系统服务价值评估制要求建立生态系统生产总值
（Gross Ecosystem Product，GEP）核算体系。且 GDP 与 GEP 能否实
现双核算、双运行、双提升将成为区域经济协调与互动发展的有效
评价标准，这就要求城市 GEP 进规划、进决策、进项目、进考核。
这主要是因为 GEP 关注资源环境水平、土地利用结构、生物性供应
品、生态服务支持等，是区域经济发展的自然前提和物质基础；
GDP 的提升表现为需求得到有效满足、城镇化水平提高、人口集
聚、产业结构升级，以区域生态环境为实践载体和外部动力。

自 2014 年起，盐田区开始试点实施城市 GEP 核算，率先编制
发布全国首个城市 GEP 核算地方标准——《盐田区城市生态系统生
产总值（GEP）核算技术规范》（SZDB/Z 342 - 2018），并于 2018
年 12 月 30 日起正式实施。该规范明确了城市 GEP 核算指标、核算
方法、核算因子、定价方法、数据获取方式等相关内容，填补了
GEP 核算技术规范空白，为开展城市 GEP 核算提供了规范化模板。
其中，"盐田区城市 GEP 和 GDP 双核算、双运行、双提升工作机制
研究""盐田区城市 GEP 核算体系构建与模块化研究"等相关研究
项目，对建立城市 GEP 核算地方标准、实现模块化核算、深化城市
GEP 实践与运用起到重要的决策支撑作用。

2012—2021 年，盐田区建立城市 GEP 评价体系，完善城市 GEP
核算信息发布制度，实现常态化跟踪评估。盐田区建立城市 GEP 与
GDP 双提升的项目库，将城市 GEP 具体指标分解成具体任务，纳入
单位绩效考核和生态文明考核体系。不论是建立城市 GEP 评价体
系，还是建立城市 GEP 与 GDP 双提升的项目库等举措，都使得盐
田区经济与生态协同程度不断优化。通过对盐田区经济与生态耦合
协调进行测算可见（见表 3 - 1），2013—2021 年，盐田区协调耦合
度从基本协调提升至中度协调，说明总体上盐田区已实现经济与生
态的协同发展。但是当引入相对发展度这一指标进行深入分析后发
现，自 2017 年以来，相较于经济建设投入，盐田区生态建设投入
稍显不足，为避免向高度协调阶段迈进时后劲不足，盐田区仍需在
生态建设方面继续加大发力。

表 3 - 1 深圳市盐田区经济与生态耦合协调测算及特征

年份	GEP (亿元)	GDP (亿元)	协调耦合度	相对发展度	耦合协调发展特征
2013	1036.91	410.42	0.57	2.53	基本协调
2014	1066.82	450.15	0.59	2.37	基本协调
2015	1088.53	474.92	0.60	2.29	基本协调
2016	1092.17	528.85	0.62	2.07	中度协调
2017	1096.29	573.80	0.63	1.91	中度协调—生态滞后
2018	1086.15	601.05	0.64	1.81	中度协调—生态滞后
2019	1100.21	626.20	0.64	1.76	中度协调—生态滞后
2020	1125.00	650.63	0.65	1.73	中度协调—生态滞后
2021	1156.21	760.49	0.68	1.52	中度协调—生态滞后

资料来源：深圳市汉仑绿色发展研究院课题组绘制。

（三）从感知环境向感知过程升级的全民参与机制

生态文明建设要与经济社会有效融合发展，既要避免重增长轻环境，又要避免为绿色而绿色，这一双向要求的实现过程，居民感知是最有效纠偏"两山转化"过程扭曲的选项。因此生态文明体系建设过程中，势必要嵌入重视城市居民的体验感、满足城市居民的发展需要、有效激发居民对生态文明建设场景的需求构想。然而，长期以来"公众是城市发展被动接受者"的认知已根深蒂固，且缺乏高效的感知机制、反馈机制、参与机制，加之大部分居民对新的城市形态尚未形成有效认知，且不同年龄群体间易产生价值差异，这都严重影响了城市居民在生态文明体系建设中的参与度。

盐田区在"十三五"开局年开始构建人人参与生态文明建设的全民体系，在政府、社区、家庭、学校、企业及其他组织和机构全面铺开，在全社会树立绿色生产方式和生活方式的价值理念。2016年，出台《盐田区生态文明建设全民行动计划》，率先评选年度"环保达人"，率先运行碳币服务平台。此后，持续跟进上述工作，实现全民感知环境变化向感知生态改善过程的参与机制"蝶变"，让"人人共建共享"的生态文明理念根植于盐田区居民的脑海和内心。2016—2021 年，践行上百场（项）全民行动，包括租骑公共自行车、分类丢弃垃圾、节约用水用电、参加生态文明活动、参加绿色生活线上答题、举办"环保达人"评选活动等。15万名用户注册碳币服务平台，共发起1500场生态文明活动，累计发放碳币2.5亿元。

二　大鹏新区释放"蓝色红利"与夯实特色生态本底协同迈进

2012年是大鹏新区挂牌成立的第一年，自此开启探索经济增长与生态质量保护协同迈进之旅，取得了丰硕的成果。在经济发展方面，地区生产总值在2016年突破300亿元，连续三年呈现6%以上的高增长，2021年地区生产总值增长8.0%、规上工业增加值增长3.9%、固定资产投资增长28.7%、社消零增长9.5%；在生态文明建设方面，先后被特批为国家生态文明建设试点地区、确定为国家第二批生态文明先行示范区、批准为第二批国家级海洋生态文明建设示范区、被授予国家"绿水青山就是金山银山"实践创新基地称号。此外，大澳湾珊瑚保育站被授予"国家海洋意识教育示范基地"称号，大鹏湾入选全国"美丽海湾"案例。

回首2012—2021年，大鹏新区实现释放"蓝色红利"与夯实特色生态本底有效协同，主要得益于：重改革、促创新，生态文明建设深入推进；植优势、增后劲，海洋产业体系加快构建；提品质、内外联，海纳活力参与主体。

（一）重改革、促创新，生态文明建设深入推进

得天独厚的海洋资源禀赋优势的有效发挥，表现为利用资源为发展赋能、通过发展再积资源能量，这就需要推进海洋治理现代化，聚力政策统筹，探索海洋发展体制机制创新，健全海陆统筹发展格局。大鹏新区集中优势力量，在顶层设计与制度建设、经验总结与复制推广、技术标准化研制等方面不断发力，勇担全市生态文明体制改革试验区重任，在构建海洋生态文明建设全链条发展方面走在全国前列，为全国探索超大城市生态保护区可持续发展路径。

在顶层设计与制度建设层面，编制完成大鹏半岛自然资源资产负债表，实现GEP和GDP双核算、双运行、双提升，创建全省首批环境损害司法鉴定机构，成立全国首家由政府委托、慈善机构受

托的生态文明建设公益基金。在经验总结与推广层面，出版《大鹏半岛生态文明建设量化评估机制理论与实践》，成为《粤港澳大湾区生态文明体制创新研究丛书》的首册，构建了以大鹏半岛为代表的粤港澳大湾区生态文明建设量化评估机制的总体构架。在体系标准化研究与制定层面，整合执法资源，明确权责，构建"海域—流域—陆域"海洋生态环境治理体系；编制全国首个《海洋碳汇核算指南》，探索海洋生态经济应用路径；积极构建生态环境导向开发模式，推动生态环境治理与产业发展有效融合。

（二）植优势、增后劲，海洋产业体系加快构建

海洋产业发展潜力的释放是"蓝色红利"的重要表现，能否将海洋产业培育成区域经济发展动力之源、能否在海洋产业领域实现优势企业众星云集、能否有效布局海洋产业前沿高端"卡脖子"技术路线图，已成为下一阶段蓝色经济话语权的重要衡量标准。大鹏新区锁定海洋经济高附加值产业细分领域，通过推动海洋食品、海洋资源开发、海洋生物医药、海洋高端装备、海洋现代服务业融合发展，不断向价值链微笑曲线两端延伸。

为了促进海洋第一产业高质量蝶变发展，大鹏新区于2018年落户了全市首个海洋渔业领域院士工作站，加快传统渔业转型升级，继续推进"减船转产"，有效修复海洋生态环境。为了加强海洋第二产业科技含金量，大鹏新区全力配合"国家南方海洋科学城"规划，作为全球海洋中心城市集中承载区，被纳入深圳落实粤港澳大湾区发展规划三年行动方案。同时注重海洋第三产业发展以彰显"深圳生态特区"的经济价值、人文价值、社会价值。具体举措包括，通过进行颠覆式创新来破解发展不平衡难题，探索建设大鹏半岛滨海旅游自由港试验区，协调创建深港东部海上合作平台；落实全市部署，加快推动南澳旅游专用口岸建设；依托中国杯帆船赛、七星湾游艇会等各类活动平台，推动游艇产业、水上运动产业及相关服务业加快发展等。

（三）提品质、内外联，海纳活力参与主体

树立"绿水青山就是金山银山"发展理念，确立海陆一体、联动发展的战略思路，破除市场壁垒带来的挑战，从事物发展的全过

程、产业发展的全链条、企业发展的全生命周期出发，才能提升生态文明建设品质，才能打造内外协同的生态文明命运共同体，才能更好发挥新区地域优势，构建全面向海发展新格局。这就要求将在最大范围、最宽广领域海纳参与主体、联动参与主体、惠及参与主体作为发展的出发点和落脚点。

在激发第三方市场主体参与上，大鹏新区推动深港澳海洋保护联盟成立，打造11个海湾生态环境保护组织，"潜爱大鹏"珊瑚保育活动成为生态环保志愿者特色品牌。在对接全球优质资源上，成功举办第六届世界海洋大会，来自35个国家和地区的500多名专家学者、相关部门及企业的代表共话海洋、共谋发展。在发挥会展经济杠杆效应上，连年举办中国（深圳）国际游艇及设备展览会，意向成交额达2亿元/届。在引导全民参与上，组建党员环保队伍112支，持之以恒打造"大鹏自然课堂""大鹏自然童书奖"和全国首家"生态文学创作基地"，建设"海洋＋"儿童友好型城区。

三 光明区积极探索科学城生态发展路径

作为曾经的国营农场、边远城区，光明区实现从"高新技术产业园区"市级战略向"世界一流科学城和深圳北部中心""大湾区综合性国家科学中心先行启动区"国家级战略的升级转变。回首过往，光明区在践行技术进步、创新发展等增长使命的过程中，一直将生态文明建设纳入顶层设计中，在经济建设和城市开发的全过程落实生态环境保护要求、同步规划、统筹布局。光明区经济增长与生态协同发展呈现三阶段融合态势，起步于绿色新城，巧用"工笔"勾勒山水画卷；成长于制度创新，引入低冲击开发模式，开创"环保顾问"制度先河。未来，作为深圳跳动着的"绿色心脏"，已肩负起打造综合性国家科学中心核心承载区与世界一流生态样本城区的发展使命。

（一）奠定绿色新城发展根基

作为新区的光明区，先于深圳其他区域，将绿色发展提至中长期发展目标层级，按照《深圳市光明新区绿色新城建设行动纲领和行动方案》践行"绿色新城""创业新城""和谐新城"三大发展主题，肩负深圳市低碳生态建设"先行示范区"重任。这样的融合式发展目标，对"绿色"的界定与解读产生了更高的要求，不仅追求"绿色"的生态，更注重"绿色"的建设理念、"绿色"的生产与生活方式。因此，光明新区瞄准国际一流城区建设体系，对标世界先进标杆城区，重点打造"七个绿色"：以循环经济、自主创新为核心的"绿色产业"；以人为本的"绿色交通"；打造环保节能的"绿色建筑"；营造以和谐为主题的"绿色社区"；强调动静分离、合理规划的"绿色空间"；良性循环的绿色生态系统；独具特色、更有活力的绿色城市形象。相继出台《光明新区慢行交通专项规划》《光明新区雨洪利用详细规划》《光明新区绿色建筑示范区建设专项规划》。

　　光明新区成为深圳建设"绿色之都"的先行者。2012—2017 年，光明新区 GDP 是从 500 亿元增长至超过 850 亿元，年均增速高达12%（见图 3-2）。在实现经济增长的同时，产业生态化系数不断优化，绿色低碳产业领域产值规模稳中有升，接近 130 亿元，万元 GDP能耗下降比重超过 5.5%；公园数达到 52 个，人均绿地面积提升 5 平方米，年均增速高达 8%，全年处理生活垃圾能力从 4.3 万吨大幅提升至超过 20 万吨，城市生活垃圾无害化处理率达 100%。

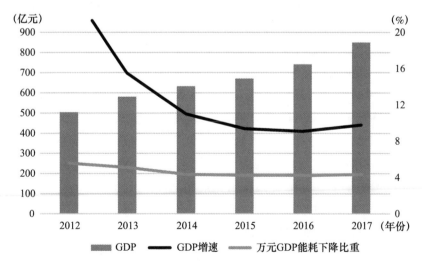

图 3-2　2012—2017 年光明新区 GDP 规模、增速及万元 GDP 能耗下降比重

资料来源：《深圳市统计年鉴》。

（二）探索绿色制度创新示范

2018 年光明新区晋升为光明区，随后获评为国家生态文明建设示范区、绿色生态示范城区、国家绿色建筑示范城区等。这与一系列新制度探索密不可分，更得益于新制度的实施、管理和评价。最为突出的是，以低冲击开发模式探索高密度城镇化地区低碳建设模式。强调在城市更新项目中推行"八微工程"，以微循环、微能源、微冲击、微更生、微交通、微创业、微绿地、微调控推进旧区"柔性"改造，突显对人性化和精细化的注重。为确保低冲击开发模式可有效落地，结合重点开发建设区域的地域特征将该模式分解为具体的控制指标体系，纳入城市规划管理范畴。以此为基础，选取具体地块、具体项目提出低冲击开发的详细要求并作为地块出让条件进行建设过程管理。在低冲击开发模式下，光明区 2018 年完成城市更新计划立项 6 个，用地供应 13.3 公顷，完成固定资产投资 49 亿元；2019 年城市更新"急提速"，4 个项目列入城市更新计划，13 个更新项目开工建设；2020 年城市更新供应土地 26 公顷，带动固定资产投资 103 亿元；2021 年城市更新供应土地 32 公顷。

此外，光明区还开创了"环保顾问"制度先河，在全市首创实施"环保顾问"制度。一方面，结合生态环境系统机构改革建立完备的生态环境保护监管制度体系，即 1 个纲领性"实施意见"，1 个全覆盖"责任清单"和 5 个操作性"配套办法"；另一方面，制定《光明区环保顾问制度实施细则》，涵盖项目选址、产业政策、环评类别、环保验收、环境安全、环境治理、环保培训等。从推广方式上，"环保顾问"咨询服务窗口月度咨询服务数量最高达 646 人，通过"下街道、进园区、入企业"上门提供个性化环保技术服务，开发"环保顾问"APP 实现智能化服务。"环保顾问"制度已成为 2019 年深圳市生态环境保护工作先进经验，得到市领导的充分肯定，并在全市其他区复制推广实施。

（三）践行绿色零碳产业目标

光明区在探索环境保护和经济社会发展共赢新路上，出台《光明区产业空间管理暂行办法》，强力实施产业"拦退引"工作，推动经济产业"绿色升级"；始终坚持"减量化、再利用、资源化"

原则，不断探索绿色低碳循环发展新模式，实现万元 GDP 能耗、水耗分别降至 0.115 吨标准煤和 6.5 吨，达到国内同类型园区领先水平；绿色建筑示范项目也成为广东省和深圳市认证数量最多、规模最大、示范类型最全面的区域之一。光明区更是提出了打造"天蓝水秀、现代宜居"的世界一流生态样板城区发展目标。在牢牢把握打造世界一流科学城和深圳北部中心等重大战略机遇的同时，进一步强化蓝绿本底优势，充分发掘山水林田湖草生态资源价值。通过提高产业绿色化发展水平、推广绿色低碳生活方式、强化能源资源高效利用，率先践行碳排放达峰要求。

第三节 深圳构建生态文明体系的 制度经验

党的十八大以来，中国高度重视生态文明建设，从全方位、全地域、全过程加强生态环境保护。同时，在经济转型升级的过程中，生态环境保护和污染防治目标越发重要、工作方向越发明确。尽管中国的生态环境保护已经发生了历史性、转折性、全局性变化，但是对于广泛形成绿色生产生活方式、碳排放达峰后稳中有降、生态环境根本好转、基本实现美丽中国的目标，仍存在着能否做到结构改善与环境改善并重，能否将生态环境治理范围从重点问题、突出问题逐步扩展到更为全面系统和深层次难度大的问题，能否找到有效方法激励生态改善融入经济建设更积极主动、自发自持，能否将生态环境保护的目标设定、实现路径、政策制定、配套措施等更具前瞻性，能否在不断加大的外部经济环境压力下保持生态环保战略定力这些现实问题。

新时代深圳肩负起党中央赋予的一系列新使命，在"双区"驱动、"双区"叠加、"双改"示范下跑出深圳发展加速度，也为解决增长与生态矛盾一般性问题、中国特殊性问题探索出有效的实践模式与路径轨迹。深圳始终牢记习近平总书记的殷切嘱托，在突破增长与生态矛盾的过程中，不断强化战略效应、整体效应、头部效应、集聚效应、协同效应、联动效应，推动习近平生态文明思想在深圳落地生根、结出丰硕成果。2012—2021 年，深圳通过构建生态文明体系，提升经济质量和发展效益，形成资源节约和环境保护的产业结构、生产与生活方式、空间格局、治理架构，助力美丽中国目标的实现。在突破增长与生态矛盾的过程中，深圳以生态文化体系为基础、生态经济体系为关键、生态制度体系为保障、生态安全体系为底线，持续加快建设人与自然和谐共生系统的生态文明体系。

一　生态文化体系构建

2012—2021 年，深圳加快建立健全以生态价值观念为准则的生态文化体系，以此作为突破生态质量与经济增长矛盾的基础。对于市—区—街道三级党委政府及其工作部门、社会公众、市场主体、社会团体组织、教育与研究机构，按照不同的侧重点和基本要求，在适宜的时间给出适宜的任务使命，树立尊重自然、顺应自然、保护自然的社会主义生态文明观，坚决杜绝与改变盲目的、凌驾于自然之上的"征服自然"的观点。在此价值观的指引下，经济社会发展主体普遍形成文化自觉的行为方式。其中，深圳各级党委政府及其工作部门，率先在资源节约和生态环保这一刚性约束下决策与管理社会经济发展；社会公众大幅提高生态环境保护认知，普遍呈现资源节约和生态环保的生活方式与消费理念；不同规模、不同所有制、不同治理结构的企业，均不断增强生态环境保护遵法守法意识与社会责任感。

（一）各级党委、政府及相关部门

自 2012 年起，创新性地在市政府层面设立环境形势分析会制度，并提到与经济形势分析会同等重要的位置。与此同时，开展各区环境质量分析，环境综合决策能力显著增强。

强化各级党委、政府及相关部门生态环境保护责任，于 2017 年启动《深圳市生态环境保护"党政同责、一岗双责"实施规定》编制与发布相关工作，2018 年印发与之配套的《深圳市生态环境保护工作责任清单》，2020 年 12 月修订完善《深圳市生态环境保护工作责任清单》，进一步夯实了"党政同责、一岗双责"制度基础，与《深圳市生态文明建设考核制度（试行）》中的生态文明建设考核制度以及《深圳市党政领导干部生态环境损害责任追究制度》中的生态环境损害责任终身追究制度紧密衔接，共同构建了完备的生态环境损害责任追究体系，形成了健全的分责、定责、追责的制度链条。

（二）社会公众

以"美丽深圳，幸福家园"为主题，以国际生物多样性日、六五世界环境日、全国低碳日、深圳市民环保节、青少年环保节、绿韵悠扬环保艺术节为契机，普及环保知识，提高市民环保意识，营造良好的社会氛围。

2012—2021年从全面实行垃圾分类减量，建立有害垃圾、大件垃圾、废弃织物、年花年桔、绿化垃圾、果蔬垃圾六大资源类垃圾分流分类处理体系，到2019年对标国际一流开展"无废城市"建设试点创建工作，并于2020年顺利完成"无废城市"建设试点任务，"全民参与、抢争示范单位（小区）行动"制度功不可没。

（三）企业

2006年首创企业间绿色采购模式，开展"鹏城减废行动"的中小企业，可自愿与华为、富士康等23家大型企业签订《深圳市企业绿色采购协议》，探索建立"政府指导、大企业采购牵引、中小企业改善环境"的政企合作新模式，让企业的环境治理模式从被动转变为主动，实现从末端治理转变为全生命周期管理模式，从产品的开发、生产、分销、使用及回收到废弃物管理等全过程实现环境友好。2014年上市企业和龙头企业率先实施绿色供应链管理，涵盖产品绿色设计、绿色生产、绿色包装、绿色销售及回收处理。

二　生态经济体系构建

2012—2021年，深圳加快建立健全以产业生态化和生态产业化为主体的生态经济体系，以此作为突破生态质量与经济增长矛盾的关键。全面探索与持续推动绿色发展经济结构是建设生态文明的根本出路，这一过程由资源节约与高效利用下的产业生态化改造、资源节约与生态环保的生态产业化应用共同构成。其中，倒逼机制、引导机制、价值激励机制、评估评价机制，共同助力深圳打造"绿水青山就是金山银山"的生态经济体系。

（一）倒逼机制

为提高生产领域环境资源效率，实现产业生态化改造，深圳从源头降低发展对生态环境的压力，淘汰低端落后企业、关停重污染企业、对企业实施强制性清洁生产审核、开展环保信用评定。2012年出台《深圳市"十二五"节能减排综合性实施方案》《深圳市"十二五"主要污染物总量减排规划》；2013年实施"十二五"减排中期评估，制定《深圳市"十二五"后半期主要污染物总量减排行动计划》；2015年修订《深圳市公众举报工业企业环境违法行为奖励办法》，贯彻落实新《环保法》，运用新手段严厉打击环境违法行为；2016年起按照新《环保法》和《大气污染防治法》，大力推行精准执法、精细管理；2018年以中央环保督察、广东省环保督察为契机，全面开展环境治理及环境质量改善工作。

（二）引导机制

2012—2021年，综合利用政策导引、研究方向导引、国际合作导引方式，推动实现资源节约和生态环境保护产业化。自2013年起，建立市环境保护及相关产业发展情况基础数据库，生态产业化可量化、可跟踪、可比对。其中，环保产业产值规模从2015年的接近400亿元增长至2019年的760亿元，年均增速为16.3%；产业结构为8.9：32.6：58.5；环保产品生产、资源综合利用、环境服务业呈均衡发展之势。绿色低碳产业规模从2018年的990.73亿元增长至2021年的1386.78亿元，年均增速为11.9%；对GDP的贡献从2018年的4.09%提升至2021年的4.52%，规模稳步提升，发展逐步优化。

相继编制与发布《深圳市环保产业发展"十二五"规划》《深圳节能环保产业振兴发展规划（2014—2020）》《深圳节能环保产业振兴发展政策》《深圳市节能环保产业发展专项资金管理暂行办法》《2020年度集成电路制造企业环保设施建设项目申报指南》《深圳市"十四五"环保产业发展思路与对策分析报告》，培育壮大环保产业与绿色低碳产业。

持续支持环境科研项目，保障科研项目质量和资金使用效益。深圳市人居环境委员会年均立项环境科研课题29项，安排科研经费年均 2549.92 万元，共计 63 个项目获得广东省环境保护科学技术奖。

不断引导环保企业及科研院所加强国际交流与合作，积极探索环保产业"走出去"和"引进来"的创新模式，深化与匈牙利、以色列的环保交流合作，参加香港国际环保展览会、澳门国际环保博览会及其他国内外环保展览会，贯彻落实"一带一路"倡议，促进环境技术交流转移和环保产业国际合作。

（三）价值激励机制

深圳利用降碳减排交易机制与环境污染责任保险机制，在全国范围内率先利用价值机制激励降碳减排工作的高效推进实施。围绕碳交易制度，2012 年落实深圳经济特区碳排放相关法规，启动排污权交易模拟运行，开展碳排放核查。同年，推出环境污染责任保险。2013 年率先启动碳排放权交易，占全市碳排放总量 40% 的机构上线交易，成为全国交易量最大的碳市场。2017 年盐田区建设"碳币"公众服务平台，投入专项资金对生态文明建设行为进行结算、激励。围绕环境污染责任保险制度，2019 年在全市范围组织实施环境污染强制责任保险试点改革，在保企业 628 家，保费收入1689.34 万元，提供风险保障逾 10 亿元，位于广东省乃至全国前列，并于试点当年启动理赔案件 2 次。

（四）评估评价机制

自 2014 年完成深圳市自然资源资产核算体系与负债表研究，建立中国首个城市自然资源资产核算体系和负债表以来，各区抓紧跟进落实，大鹏新区、宝安区 2015 年、2016 年连续开展自然资源资产负债表编制、资源环境承载力监测预警研究。

盐田区率先于 2015 年开展 GEP、GDP 双核算、双运行、双提升机制，龙岗区、光明新区于 2016 年开展区级绿色 GDP 2.0 核算试点；2020 年全市探索实施 GEP 核算制度，初步构建了以核算实施方案为统领，以技术规范、统计报表制度和自动核算平台为支撑的"1 + 3"核算制度体系，并对全市 2010 年、2016—2019 年 GEP 进行试算。

三　生态制度体系构建

2012—2021 年，深圳加快建立健全以治理体系和治理能力现代化为保障的生态文明制度体系，以此作为突破生态质量与经济增长矛盾的保障。在体现"源头严防、过程严管、后果严惩"思路的生态文明制度的"四梁八柱"基本形成后，通过补齐制度短板、提升治理能力、狠抓落地见效，将生态文明制度体系改革落实全面铺开。深圳按照"山水林田湖草沙是生命共同体"的原则，凭借"规划与政策导向，生态修复、保护和监管制度，全民参与行动制度"，将生态文明建设贯穿经济社会发展全过程和各方面。为确保生态文明制度能最有效地导引发展思路、发展方向、发展选择，注重夯实基础研究、深入开展多项专题研究，注重从筛选一流到构建体系，再到横向比对的精准研判，注重开门问策、集思广益、百家争鸣、问计于民，注重部门间、区域间、项目间、政策间的沟通衔接与协同布局。

（一）规划与政策导向制度

2012—2021 年，深圳以"开门编规划"原则，将"规划＋实施方案＋期中评估＋调规＋期末评估"结合作为推进生态文明建设的关键文件和行动指导，为建成美丽中国典范城市和国家绿色发展示范城市导引方向。2012 年出台实施《深圳市人居环境保护与建设"十二五"规划》《深圳环境质量提升行动计划》，2013 年编制印发《深圳市人居环境保护与建设"十二五"规划实施方案》，并开展《深圳市人居环境保护与建设"十二五"规划》中期评估工作，2016 年出台实施《深圳市人居环境保护与建设"十三五"规划》，2020 年科学推进《深圳市生态环境保护"十四五"规划》编制，2021 年发布《关于实施"三线一单"生态环境分区管控的指导意见》和《深圳市区域空间生态环境评价管理办法》。

2012—2021 年，深圳将"政策支持＋规章制度＋技术规范"结合作为改善生态环境质量的模式选择。例如针对环境空气质量提升，2012—2021 年出台与发布规划计划 8 份、支持政策 4 份、规章制度 5 份、技术规范 18 份（见表 3–2）。特别是，2017 年市政府以一号文件的形式，下发了《深圳市大气环境质量提升计划（2017—2020 年）》，在全国重点城市中率先提出对标国际先进空气质量标准目标，提出到 2020 年空气质量达到世界卫生组织《空气质量准则》第二阶段目标。

表 3 - 2　　　2012—2021 年深圳市环境空气质量优化提升
相关文件一览

年份	类别	文件名称
2012	规划计划	《深圳市 PM2.5 污染防治专项行动方案》
	规章制度	《关于加强新建工商业锅炉、窑炉环评管理的有关通知》
2013	规划计划	《深圳市大气环境质量提升计划》
	政策支持	《深圳市黄标车提前淘汰奖励补贴办法》
	政策支持	《深圳市大气环境质量提升补贴办法》
	规章制度	《深圳市加快淘汰黄标车工作方案》
2014	规章制度	《深圳市大气污染应急预案》
	政策支持	《深圳市港口、船舶岸电设施和船用硫油补贴资金管理暂行办法》
	技术规范	《生物质成型燃料及燃烧设备技术规范》
	技术规范	《汽车维修行业喷漆涂料挥发性有机化合物含量及废气排放限值技术规范》
2015	政策支持	《深圳市 2015 年大气环境质量提升补贴办法》
	技术规范	《汽车维修行业喷漆涂料及排放废气中挥发性有机化合物含量限值》
	技术规范	《建筑装饰装修涂料和胶粘剂有害物质限量》
	技术规范	《生物质成型燃料及燃烧设备技术规范》
	技术规范	《在用非道路移动机械用柴油机排气烟度排放限值及测量方法》
2016	规划计划	《深圳市大气环境质量提升计划（2017—2020 年）》
	技术规范	《家具成品和原辅材料有害物质限量》
	技术规范	《生产、生活类产品挥发性有机物含量限值》
	技术规范	《低挥发性有机物含量涂料限值》
	技术规范	《深圳市建设工程扬尘污染防治技术规范》
2017	技术规范	《饮食业油烟排放控制规范》
	技术规范	《房屋拆除工程扬尘污染防治技术规范》
	技术规范	《在用柴油车及非道路移动机械安装颗粒捕集器技术规范》
2018	规划计划	《2018 年"深圳蓝"可持续行动计划》
	技术规范	《全密闭式智能重型自卸车技术规范》
	技术规范	《低挥发性有机物含量涂料技术规范》

续表

年份	类别	文件名称
2018	技术规范	《在用柴油车及非道路移动机械改造治理安装颗粒捕集器技术规范》
	技术规范	《生产、生活类产品挥发性有机物含量限值》
2019	规划计划	《2019年"深圳蓝"可持续行动计划》
2020	规划计划	《2020年"深圳蓝"可持续行动计划》
	规划计划	《2020年"深圳蓝"可持续行动计划臭氧污染治理专项工作方案》
	规划计划	《2020年蓝天保卫战百日冲刺行动》
2021	规章制度	《深圳市碳排放权交易管理办法》
	规章制度	《深圳市环境污染强制责任保险实施办法》
	技术规范	《深圳市生态系统生产总值核算技术规范》

资料来源：《深圳市环境状况公报》。

（二）生态保护和监管制度

为有效提升水环境质量，以"雨季行动"为契机，2012—2021年持续开展水源保护专项执法；为整治沿河周边涉水"散乱污"企业，多年间持续开展"利剑"执法行动。2016起再次加大执法力度，开展不定时间不打招呼不听汇报的现场"点菜式执法"、随机抽取污染源和执法人员的"双随机执法"等多模式执法行动，不断提升监管执法效能。

持续推进饮用水源区规范化建设。2019年开展全市（含深汕合作区）43个饮用水源地的环境治理状况调查和评估工作，并研究建立标准考核评价指标体系；相关部门间实现饮用水源在线监测数据实时共享，结合深圳市"智慧环保"系统推动饮用水源科技管控，不断深入和完善饮用水水源地环境治理工作。2020年通过"车巡＋步巡＋无人机航巡＋卫星遥感解译"空天地一体化的方式，实现全市32个饮用水源保护区（43座水库）全覆盖巡查；并持续推进饮用水源地规范化建设和环境状况调查评估工作，针对性形成数据完整、量化分析、定性指导、要素完备的饮用水源地"一源一策"，提高饮用水源地精细化管理水平；对全市16项水质保障工程开展进度核查，定期召开专题协调会、推进会、现场会，以"高位推动＋考核倒逼＋每月通报"的工作模式推动工程建设，切实降低饮用水源污染风险。

围绕声环境改善和噪声污染防治，自 2012 年起严格按照修订后的《深圳经济特区环境噪声污染防治条例》要求，全面加强对建筑施工噪声、交通噪声、工业噪声、社会生活噪声的监管。2020 年再度组织修订《深圳经济特区环境噪声污染防治条例》，从法律层面明确将建筑施工噪声纳入安全文明施工管理，压实行业主管部门职责，完善行政处罚措施。2017—2019 年相继组织开展《深圳市建筑施工噪声污染防治相关技术规范》《深圳市城市道路声屏障建设技术规范》《深圳市建筑工程噪声污染防治技术规范》的编制研究工作，2020 年发布《深圳市声环境功能区划分》，同步印发《深圳市建设工程施工噪声污染防治技术指南》《施工噪声污染防治方案编制要点》等配套文件，进一步实现噪声管控标准化建设，在全国起到先行示范作用。

（三）目标责任与考评制度

深圳各区域、各部门坚决肩负生态文明建设政治责任，一方面强调由主要领导担任生态环境保护第一责任人，另一方面率先建立科学合理的考核评价体系与严格的追责制度。深圳的这支生态环境保护"铁军"目标明确、分工协作、持续发力，以目标责任与考评制度为施力点，破局生态环境质量改善与优势生态产品供给，使得生态文明建设取得实际效果，满足人民日益增长的美好生活需要与优美生态环境需要。

1. 第一责任人

按照生态环境机构监测监察执法垂直管理制度改革工作要求，为进一步加强对生态环境保护工作的组织领导和统筹协调，成立市—区两级生态环境保护委员会。其中 2020 年末成立的市级委员会是生态环境领域最高级别的议事协调机构，各区（新区、特别合作区）也随之成立区级生态环境保护委员会。

在深入推进河流水环境治理方面，2013 年开始推行主要河流治理"河长制"，2017 年全面推行河长制，印发《深圳市全面推行河长制实施方案》，落实市、区、街道、社区四级河长，在"民间河长"与"官方河长"间形成良性互动。

2. 考核与追责

2012年修改完善《深圳市生态文明指标体系》，启动深圳市生态文明建设工作考核指标体系研究工作。自2013年起，深圳市委市政府将环保实绩考核升格为生态文明建设考核，出台《深圳市生态文明建设考核制度（试行）》，在全国率先开展生态文明建设考核工作，建立生态文明建设考核机制和指标体系，考核结果作为领导干部政绩评价、年度考核和选拔任用的重要依据之一。2012—2021年，累计对超300家各区、新区、市直有关部门和重点企业的领导班子和党政正职开展生态文明建设考核，累计评出60个优秀单位、28个进步单位。其中，盐田区连年被评为优秀单位。龙华区、坪山区于2016年开展领导干部自然资源资产离任审计试点工作，光明新区、福田区、盐田区于2017年开始配合开展领导干部自然资源资产离任审计工作。

（四）全民参与行动制度

加强舆情监控和网站建设，多渠道满足群众知情权。一方面，依托主流媒体，结合生态文明建设、大气污染防治、环境执法等重点工作，召开新闻发布会及通气会累计超过137场；另一方面，善用新媒体，2012年率先开通人居环境委员会政务微博，2016年在发布政务微博的同时推出"在线访谈"，2018年人居环境委启动"两微"平台，共推送微信1219篇、发布微博1235条。2012—2021年，全市环境信访形势基本平稳，收到群众各种形式投诉及咨询年均数量85707宗，各年环境信访件处理率均为100%，回访群众全市平均满意率最高达87.5%。按照近年来年均常住人口1756万测算，2012—2021年每200人便有1人为生态环保问题发声建言献策。

四　生态安全体系构建

2012—2021年，深圳加快建立健全以生态系统良性循环和环境风险有效防控为重点的生态安全体系，以此设定生态质量与经济增长矛盾协同突破的底线。在经济创新蝶变期与环境风险高峰平台期的叠加下，必须设立底线思维，才能做好常态化管理、全过程监管、多层级防范，进而在生态系统规模合理、结构稳定、循环良性下持续优化升级生产能力与生活质量。深圳通过实施国土空间管制、划定生态红线、采取生态修复与保护措施，提升生态服务功能水平，降低生态系统退化风险，防范和化解生态环境问题引发的社会风险。

（一）实施国土空间管制

相继颁布实施《深圳市城市建设与土地利用"十三五"规划》《深圳市国土空间总体规划（2020—2035年）》《深圳市国土空间保护与发展"十四五"规划》，并以法律法规及配套性文件章程的形式推动环境立法，实施国土空间管制。2012—2021年，持续跟进《深圳经济特区生态文明建设条例》等地方性法规的起草、立法、评估、修订，2016年创新运用微信举行《深圳经济特区环境保护条例（修订草案）》立法听证会；2019年积极推进《深圳经济特区环境保护条例》全面修订，提请市政府审议《深圳经济特区实施环境保护规定（草案送审稿）》，按照审议意见完善形成《深圳经济特区生态环境保护条例（送审稿）》；2020年紧扣"双区"建设和现代环境治理体系要求，起草《深圳经济特区生态环境保护条例》，并提请深圳市人大常委会审议。2012—2021年，编制出台生态环保法律法规文件30份，修订相关法律文件29次（见图3-3）。其中，2020年推动出台的《深圳经济特区海域使用管理条例》《深圳经济特区绿色金融条例》《深圳经济特区生态环境公益诉讼规定》是在全国具有示范意义的生态环境保护法规。与此同时，为落实中央精神，组织开展涉及生态环境保护的地方性法规规章专项清理工作，完成1979年深圳市设立以来以市政府以及市政府办公厅名义发布涉及环保的70余项规范性文件清理，其中包括废止《深圳经济特区实施〈中华人民共和国固体废物污染环境防治法〉若干规定》，完成《深圳经济特区环境保护条例》《深圳经济特区机动车排气污染防治条例》《深圳经济特区建设项目环境保护条例》《深圳经济特区在用机动车排气污染检测与强制维护实施办法》等的一次性清理，对特区法规章程《深圳经济特区建设项目环境保护条例》《深圳经济特区污染物排放许可证管理办法》等的清理。

2012	>	2013	>	2014	>	2015	>	2016
出台2份		出台3份		出台10份		出台5份		出台0份
修订4份		修订1份		修订2份		修订0份		修订0份

2017	>	2018	>	2019	>	2020	>	2021
出台5份		出台1份		出台0份		出台3份		出台1份
修订6份		修订12份		修订1份		修订2份		修订1份

图 3 – 3 深圳生态环境立法情况时序一览

资料来源:《深圳市环境状况公报》。

（二）划定生态红线

2012—2021 年，坚守《深圳市基本生态控制线管理规定》，编制完成深圳地方性标准《自然保护区评审标准》，调整扩充深圳市自然保护区评审委员会。于 2015 年完成生态红线划定方案草案，2018 年严格按照国家、省有关部署和技术要求编制全市生态保护红线划定方案并上报，2020 年推进自然保护地整合优化和生态保护红线评估调整，完成红线基础信息初步调查。

2012—2021 年，持续推动"四带六廊"生态安全网络建设，加强对广东内伶仃岛—福田国家级自然保护区、大鹏半岛市级自然保护区、田头山市级自然保护区、铁岗—石岩湿地市级自然保护区等自然保护区的监管工作，切实维护自然保护区的生态安全。

2012—2021 年，持续强化自然保护地监管工作，按年度开展"绿盾"自然保护地专项督查项目，跟踪整改落实情况。自 2019 年起，"绿盾 2017"国家通报存在的五个问题点位已全部挂账销号，整改率达到 100%；开展自然保护地人为活动遥感监测，对疑似破坏板块进行登记核查，初步形成自然保护地人类活动监管机制，实现自然保护地全覆盖遥感监测监管。

（三）采取生态修复与保护措施

2012—2021 年深圳不断推进裸地生态修复治理，并逐步向完善陆海统筹的海洋生态环境保护修复机制综合授权改革迈进。截至 2021 年年初，生态复绿裸地面积 52.73 平方千米，较 2012 年全市裸地面积减少一半以上。2021年深圳湾红树林湿地修复工程获评全国十大生态修复典型案例，茅洲河、大鹏湾入选全国美丽河湖、美丽海湾案例。同年，市规划与自然资源主管部门联合人口、资源与环境经济研究领域社会智库、高校专家团队共同开展"深圳市沙滩、红树林、珊瑚礁修复政策"研究，启动《深圳市沙滩、红树林、珊瑚礁生态修复管理办法》编制相关工作，该管理办法以《深圳经济特区海域使用管理条例》《深圳市国土空间生态保护修复规划（2020—2035年）》为依据，与《深圳市沙滩资源管理办法》相衔接，在国内海洋资源生态修复管理领域探索先行先试经验。

第四节　深圳故事：将解决生态环境问题作为民生优先领域

提高生态产品供应能力、实现生态产品价值，是平衡经济发展与生态环境保护关系的根本途径。生态产品的重要基础生态功能，包括维系生态安全、提供良好生态环境等生态调节服务价值实现，属于典型的公共物品供应，生态产品的公共物品特征决定了需要通过非市场方法解决其供给问题，充分发挥政府作用，基于公共性生态产品在经济社会安全发展中的基础性、公益性作用，深入推进生态产品价值实现的政策、资金、组织和考核等工作，确保发挥持续有效的激励作用；同时还需要发挥市场作用，探索政府主导、企业和个人参与、市场化运作的良性机制，不断通过生态创新提升生态产品质量，加速完善生态产品价值实现。

深圳不断建立健全绿色低碳循环发展经济体系，资源能源利用更加高效，产业低碳特征更加鲜明，城市生态环境更加优化，低碳发展环境更加完善。逐渐形成"深圳蓝""深圳绿""深圳净""深圳静"的低碳节能、绿色发展城市名片，绿色发展动能强劲。

其中，"深圳蓝"指深圳蓝天常驻，大气环境质量改善明显。2021年，深圳环境空气质量优良率为96.2%；PM2.5年平均浓度已连续 3 年低于世卫组织第二阶段标准（25 微克/立方米），继续保持全国领先，在全省排名第一；可吸入颗粒物（PM10）平均浓度为 37 微克/立方米，稳定达到国家一级标准。

"深圳绿"指河水碧绿清澈，水环境治理成效突出。2016 年开始，深圳市全面打响治水攻坚战，数年时间里，全市 159 个黑臭水体、1467 个小微黑臭水体全部稳定消除黑臭，21 个国控、省控断面水质优良率达 90.5%。曾为珠三角地区污染最严重的茅洲河，国控断面氨氮指标从 2015 年的 23.3 毫克/升降至 2021 年的 0.77 毫克/升，实现从重度黑臭到 IV 类水的跨越，达到 1992 年以来最好水平。

"深圳净"指城市干净"无废"，各类固体废物实现精细化、全过程治理。2021 年，深圳市生活垃圾回收利用率 46%，工业固体废物产生强度 32 公斤/万元，一般工业固体废物综合利用率 91%，工业危险废物综合利用率 59%，农膜回收率 93%，达到国内先进水平；同时，实现生活垃圾焚烧处理占比、绿色建筑占新建建筑的比例、秸秆与畜禽粪污综合利用率、城镇污水污泥无害化处置率、医疗废物收集处置体系覆盖率"5 个 100%"，拆除废弃物资源化利用率 99%，达到国际先进水平。

"深圳静"指生活环境宁静美好，声环境质量得以提升。2021 年，深圳市各渠道噪声投诉共 13.52 万宗，同比下降 3.29%。其中，建筑施工噪声投诉 3.32 万宗，同比下降 32.9%；工业噪声投诉 0.34 万宗，同比下降 16%；交通噪声投诉 1 万宗，同比下降 8.29%。

一 "深圳蓝"养成记

（一）制度先行，完善大气污染防治制度和政策体系

建章立制，结合《深圳经济特区环境保护条例》修订工作，将严格控制高排放机动车和非道路移动机械、推广清洁能源、强制安装颗粒物捕集器等大气污染防治措施纳入地方法规；出台《深圳市扬尘污染防治管理办法》，加强扬尘污染控制。以补促治，出台《深圳市大气环境质量提升补贴办法》《深圳市黄标车提前淘汰奖励

补贴办法》和《深圳市老旧车提前淘汰奖励补贴办法》等补贴政策，提升大气污染治理效率。制订计划，印发《深圳市大气环境质量提升计划（2017—2020）》，自 2018 年连续实施《"深圳蓝"可持续行动计划》。细化配套，陆续制定《生物质成型燃料及燃烧设备技术规范》《低挥发性有机物含量涂料技术规范》《汽车维修行业喷漆涂料挥发性有机化合物含量及废气排放限值技术规范》《在用柴油车及非道路移动机械安装颗粒捕集器技术规范》等技术规范二十余份。

（二）精细监测，构建空气质量立体监测系统

政府主导，做现代化监测的"先行者"。率先探索推进生态环境监测现代化，构建全国首个城市环境空气质量垂直监测体系；建成大气超级站，配备数十台高分辨、高灵敏自动监测设备，聚焦臭氧和 PM2.5 等重点污染物来源解析；在 74 个街道设置 PM2.5 监测站点，建立"一街一站"网格化空气监测体系，提高空气环境精细化管理水平。社会参与，做社会化监测的"先试者"。率先启动社会化环境监测机构管理试点，扶持引导社会资本进入环境监测领域。2013 年在深圳市人居环境委员会指导下深圳成立中国第一个市级环境监测行业协会，为检测放权打下坚实的基础。2014 年印发《深圳市社会环境检测机构管理办法》及《深圳市社会环境检测机构业务能力认定评审技术要求》，指导社会机构规范运营，有效提高准入门槛。2015 年广东省环境保护厅印发《关于推进广东省环境监测社会化改革试点的指导意见》，深圳成为首批市场准入先行试点城市，加之行业协会出台《深圳市环境检测行业自律公约》，环境监测机构管理转向以市场化为原则的合同契约阶段。技术创新，做智慧化监测的"引领者"。加快平台建设，布局城市生态领域首个"国家环境保护快速城市化地区生态环境科学观测研究站"，力争追根溯源，找寻最优方案；瞄准技术前沿，布局基于卫星遥感的高分辨率遥感技术、基于光谱质谱的快速在线监测技术、基于新材料的智能化传感技术、基于大数据的多介质感知技术，向更大范围、更高精度、更多成分、更加智慧前沿领域迈进。

（三）高位推动，推动区域联动和协同防控

区域间开展联防联控是有效解决区域大气污染问题的必要手段。

深圳积极推进区域联动，构建常态化联席会议机制，完善区域合作机制。深港联动，高标准制定大气环境治理区域标准，推动大气污染治理向纵深迈进，就空气监测、质量分析等方面开展技术交流与合作，完善区域大气质量监管，对标国际最先进水平推动大气污染治理工作高质量发展，签订《深港船舶大气污染防治工作室合作协议》。深莞惠联动，加强合作，签订《深莞惠经济圈（3＋2）大气污染联防联控工作机制协议》，构建五地常态化区域大气污染信息互通、区域协调和联防联控机制，力争打造区域绿色治理样本；联合执法，签订《深莞惠经济圈（3＋2）环境保护联合交叉执法工作机制协议》，定期组织召开联合交叉执法工作交流协调会，采取相邻两市联合交叉执法或五市联合对一市开展"五查一"式环境执法检查等方式，对跨界河流流域和市域"插花"①地区的重点污染源进行联合交叉执法检查。

专栏：深铁集团坚持六个"百分百"打赢深圳蓝天保卫战

深铁集团为助力深圳打赢蓝天保卫战，全面提高轨道交通工程文明施工标准，推行标准化扬尘污染防治工作，坚持在建轨道交通工程扬尘防治六个"百分百"的目标：

出入口及车行道百分百硬底化。工地出入口、主要道路、材料加工区全部采用混凝土、预制混凝土板或者钢板进行硬底化，确保排水通畅、平整结实。

施工围挡及外架百分百全封闭。成立文明施工专项工作领导小组，配备专门文明施工小组，定期对现场施工情况进行督查和整改落实，安排专人对围挡进行更新维护，做到连续、坚固、稳定、整洁、美观，确保"靓围挡"落到实处。

出入口百分百安装冲洗设施。施工现场修建专门洗车池、自动冲洗及人工冲洗等措施，对所有进出场车辆均严格实施"三冲洗"制度，确保工程车辆干净上路，避免污染周边道路与环境。

---

①　"插花"地区指两个或两个以上单位因地界互相穿插或分割而形成的零星分布的土地。如两个单位的土地互相楔入对方，形成犬牙交错的地界；或一个单位的土地落在另一个单位占地范围内。

易起尘作业面百分百湿法施工。施工现场配备除尘"超级设备"——扬尘治理雾炮机，射程达 30 米且配有滚轮。每日施工现场会自动定时开启雾炮机，间隔五分钟重新启动，结合洒水车和雾状喷淋装置，有效防止扬尘污染。

裸露土及易起尘物料百分百覆盖。为防止扬尘，施工区域采取边开挖、边覆盖、边绿化的方式，对水泥、腻子粉、石膏粉等易起尘物料设置专用仓库、储藏罐等分类存放；对临时裸露地块、沙石、建筑土方等有细散颗粒物料区域采用防尘网进行全覆盖。

施工现场百分百安装视频监控系统。为实时监控施工现场环境变化，全方位安装 TSP 在线监测设备，对施工现场扬尘情况实时监测，确保扬尘达标。目前，各施工现场的 TSP 监测设备已经陆续接入全市统一监测、监管平台，可确保市监管平台随时开展监测。

二 "深圳绿"驯水记

（一）保障饮用水源水质安全，构建从源头到龙头的安全保障体系

监控与监测并举，全面覆盖。建立饮用水水源地监控系统，实现全市 32 个饮用水源保护区（43 座水库）全覆盖巡查，建立饮用水水源水质信息公开制度和信息共享机制，定期评估，依法公布。一源一策，精细管理。对全市水库实施分级分类管理，坚持一源一策方针，印发《深圳市小型水库管理办法》，构建资料库，定性化研判，定量化分析，提高精细化管理水平。生态治理，强化落实。持续开展饮用水源保护区集雨区内雨污分流工作，提高饮用水源水库流域的污水处理能力；继续推进主要水源地一级保护区隔离围网建设，加大供水水库及入库支流的污染控制和生态修复工作；大力推进污水管网基础设施建设，以片区为单元，分批、分步推进主要集中式饮用水源区域、人口密集区域、重点发展区域的污水管网建设，着力推进排水管网连网成片及重点区域雨污分流改造。

（二）打造优质河流生态系统，构建法治、共治、民治、智治工作格局

加强法制建设，树立"法治"思维。科学立法，出台《深圳经

济特区水资源管理条例》和《深圳经济特区河道管理条例》，严格执法，开展"利剑"行动，计划性执法、预告式执法、阳光化执法相结合，加大对嫌疑企业执法检查力度，对环境违法行为严格监管、顶格处罚。加强部门联动，构建"共治"格局。成立水污染治理指挥部，逐步形成政府领导、部门联动、齐抓共管、精准治污的工作格局，建立部门联动机制，定期召开部门联席会议，集中研究关键问题。支持民间河长履职，形成"民治"合力。出台《深圳市全面推行河长制实施方案》，建立"民间河长"队伍，与"官方河长"形成良性互动，组织定期开展巡河护河活动，搭建"民间河长"履职平台，组织召开部门座谈会，探索河道治理新模式。

优化创新治理，提高"智治"水平。创新实施"全流域治理、大兵团作战"模式，成立流域管理中心，一河一策，有效破解流域治理权责不清、调度不顺等问题；创新"全要素管理"模式，定期收集汇总污水厂、管网、泵站等涉水要素数据，实现协同治理；创新推行"物业管理进河道"，借鉴物业管理理念，对河流开展生态化、精细化、智能化养护。

（三）统筹推进近岸海域污染防治，构建"美丽海湾"优质生态

先行先试，上位推动。推动完善陆海统筹的海洋生态环境保护修复机制综合授权改革；开展污染物入海总量控制，出台《深圳经济特区海域污染防治条例》；提出"西削东控"的入海总氮总量控制原则，印发了《深圳市西部海域水质改善方案》。陆海统筹，河海兼顾。深圳在陆海规划统筹方面先行先试，制订总体规划和专项规划时，强调陆域规划体系与海洋规划体系的衔接，统筹推进陆海生态环境联防共治，健全海陆兼顾的近岸海域污染防治机制；突出重点，机制创新。开创"目标—问题—症结—对策"式链条诊断分析模式，构建具有深圳特色的目标指标体系；建立入海排口常态化管理机制，上线"排口巡查"APP，实现入海排口"巡查—监测—溯源—整治"闭环管理。分类管理，精准施策。深圳加紧绘制近岸海域污染物分布图谱，全力摸清近岸海域污染物来源与传输机制，有效探索海与陆、污染物与生态系统的响应联动机制，针对不同种

类污染物制定其特色污染防治办法。联合行动，加强执法。建立海上执法多部门联动机制，加速形成执法合力，同步构建近岸海域信息共享机制，优化提升合作效能，对近岸海域打出"陆海统筹、河海兼顾、狠抓狠治"组合拳。

专栏：精准截污、分散调控、智慧监控，探索水污染防治新模式

随着坪山区经济发展水平提高，人口规模急剧扩张，坪山河的水质污染问题日益突出，打响坪山河水污染防治攻坚战刻不容缓。为有效解决坪山河面临的突出问题，落实《南粤水更清行动计划》和广东省交接断面达标考核要求，在《水污染防治行动计划》《深圳市治水提质工作计划》《关于全面推行河长制的意见》等政策文件的指导下，坪山区政府全面启动了坪山河流域水环境综合整治工程。

率先提出精准截污。通过建设智能截流井，截流受污染的初期雨水，当截流井内的水质监测仪表检测到污水浓度小于设定值时，闸门自动关闭，后期清洁雨水可溢流入河，这样既提高水质净化站的处理效率，同时也增加了河道生态水量。

科学实施分散调控。合理布局多个分散式调蓄池，在坪山河上、中游科学布局水质净化站，与下游污水处理厂形成均衡布局，通过精准截污系统收集的污水，就近输送至水质净化站进行处理，避免全部集中在下游污水厂进行处理，分散污水处理的压力。

严格落实智慧监控。全方位布局监测点，在坪山河重点支流、重点断面、河流汇聚口等分散设置监测点，对全流域实施动态监测；无人机担当起空中监察员，对水体异常、杂物漂浮、污水直排、侵占河道及非法养殖等问题开展实时空中监控；所有监测数据实时回传至位于坪山河中游的"中枢神经系统"进行远程自动化控制，如遇异常情况，系统可自动报警，并根据预设的解决方案第一时间实施操作，无须人工干预。

三 "深圳净"闯关记

(一) 勇担使命,强化顶层设计和系统谋划

深圳以探索超大型城市固体废物治理样板为使命,全面深化固体废物综合治理体系改革,系统构建固体废物大环保统筹管理新格局,创新打造依法治废制度体系、多元化市场体系、现代化技术体系、全过程监管体系,全方位推进生活垃圾、建筑废弃物、一般工业固体废物、危险废物、市政污泥、农业废弃物综合治理。构建固体废弃物大环保统筹管理新格局,制定《深圳市生态环境保护工作责任清单》,明确各单位和各区工作职责,厘清固体废弃物管理边界,形成生态环境部门牵头,城管、住建、水务、市场监管、商务等部门分工负责的固体废弃物大环保统筹管理新格局。高标准编制建设试点工作方案,制定分阶段工作目标,系统构建十大建设体系,出台六十余项建设指标,安排一百余项工作任务,出台组织实施、考核评估等九项工作制度,将任务细化分解到各单位和各区。

(二) 深化改革,构建制度、市场、技术、监管四大保障体系

完善法律法规,构建有法可依制度体系。陆续出台《深圳经济特区生态环境保护条例》《深圳市生活垃圾分类管理条例》《深圳市建筑废弃物管理办法》《深圳经济特区建筑绿色发展条例》,完善各类固体废物全过程监管、申报登记、电子联单等管理制度,为固体废物综合治理提供制度引领。激发市场活力,构建竞争有序的市场体系。逐步形成国有企业担当兜底、社会资本有序市场化竞争的固体废弃物收集、运输、利用和处置系统,推动固体废弃物处置行业集群化、规模化、产业化发展。加强科技创新,构建国际先进的技术体系。率先建立建筑废弃物再生产品认定和市场化推广应用技术规范,科学设计生活垃圾分类技术体系,瞄准前沿领域,开展科学技术攻关,搭建高端科研平台,成立国家环境保护危险废物利用与处置工程技术(深圳)中心。创新监管手段,构建精细高效的监管体系。搭建"全方位、全时段"智慧环保监管平台,构建"市级督查、区级检查、街道巡查"三级网格化执法监管体系,形成全链条监管工作闭环。

（三）综合整治，提升固体废弃物资源化利用水平

健全建筑废弃物综合利用全产业链。出台《建筑废弃物减排与综合利用技术标准》《深圳市建筑废弃物综合利用产品认定办法》，实施房屋拆除与综合利用一体化管理，在全国首个系统建立建筑废弃物再生砖、再生骨料产品质量认定和工程项目应用技术规范，促进建筑废弃物再生产品市场化推广应用。提升一般工业固体废弃物再生利用水平。率先开展一般工业固体废弃物申报登记和电子联单管理，推进一般工业固体废弃物集中收运处置试点建设，加快推进固体废弃物综合利用项目建设，打造试点工程。推进原生生活垃圾全量焚烧和零填埋。建成投产宝安、龙岗、南山、平湖、盐田 5 个能源生态园，出台全球最严生活垃圾焚烧发电大气污染物排放控制标准，实现生活垃圾零害化处置。强化农业废弃物回收利用和安全处置。构建万亩农业废弃物回收利用技术集成示范区，废弃物处理设施装备配套率达到 100%，秸秆全部机械粉碎还田利用，农药、化肥包装废弃物回收优化。

（四）大力宣传，推动社会各方积极参与

加强媒体宣传力度，充分利用网络、广播、电视、报纸等媒介，制作宣传海报及视频短片，线上线下大规模投放，不断丰富宣传方式、拓展宣传渠道，扩大宣传覆盖面与普及度，提升活动影响力。打造高端科普基地，各区积极打造集体验性、趣味性、知识性于一体的垃圾分类科普教育基地、建筑废弃物综合利用示范基地等，创新科普全景沉浸式体验方式，讲好故事，深入体验，寓教于乐。举办"环保随手拍"系列活动，鼓励居民亲身参与，广泛传播，并通过"小手拉大手"，吸引更多人参与，进一步唤起居民环保意识。

专栏：生产者责任延伸制度下深圳市新能源汽车动力电池回收利用模式

深圳作为中国推广新能源汽车动力电池重点城市，面临动力电池大规模报废带来的处理处置的巨大压力，参考美国、日本等发达国家废旧电池、新能源汽车动力电池回收再利用的成功模式，并结合实际情况，以新能源汽车动力电池回收及再利用产业中的物质流

向为线索，构建了生产者责任延伸制度下深圳市新能源汽车动力电池回收利用模式。

电池回收利用采用"先梯级利用后再生利用"的原则，对于轻度报废电池（电池性能下降到原性能的 50%—80%），经过筛分、拆解、重组后贴上梯级利用标签，可再用于储能系统、路灯、UPS电源、低速电动车等领域。重度报废电池（电池性能下降到原性能的 50% 以下）通过拆解再生，回收其中的电极材料，尤其是钴、镍、锂等贵金属。汽车生产企业或者进口车经销商承担动力蓄电池回收利用主体责任，汽车生产企业、梯级利用企业通过自建、共建、授权等方式建立回收服务网点，回收网点应进行备案，废旧动力电池的运输参照《锂原电池和蓄电池在运输中的安全要求》（GB 21966—2008）的安全要求和检验标准，梯级利用企业对符合要求的废旧动力蓄电池进行分类重组利用，按照国家统一编码标准对梯级利用电池进行编码和加贴标识，再生利用企业严格遵守环保法律法规、标准和技术规范（见图 3-4）。

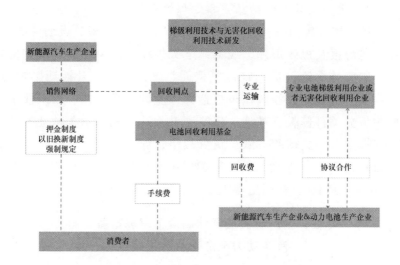

图 3-4 深圳市动力电池回收利用流程

四　"深圳静"炼成记

（一）提高制度效能，加强顶层设计

制定地方性法规，陆续出台《深圳经济特区环境噪声污染防治条例》《深圳市交通公用设施噪声污染防治管理办法》，为噪声治理提供制度保障；完善标准和技术规范，颁布《深圳市建设工程施工噪声污染防治技术指南》《施工噪声污染防治方案编制要点》《建设工程噪声污染防治技术规范》《道路声屏障建设技术规范》等一系列文件，为噪声治理提供技术保障。编制噪声污染防治行动计划，发布《深圳市噪声污染防治行动计划（2022—2024）》，提出系列目标计划和重点工作任务，为噪声治理提供规划保障。

（二）精准科学治污，强调分类施策

针对工业噪声，新增排污许可，并要求工业企业按照排污许可证核定的控制指标、规定的方式和时段排放噪声。针对建筑施工噪声，新增在噪声敏感建筑物集中区域进行施工要优先使用低噪声施工工艺和设备，自觉设置自动监测系统，且将噪声防治费用列入工程造价。针对交通运输噪声，要求对噪声源、传声途径和噪声敏感建筑物开展分层级控制，新建交通项目应采用低噪声路面技术和材料，同时符合有关交通基础设施工程技术规范和标准要求；已经造成严重噪声污染的，要求逐步设置隔声屏障、建设生态隔离带、重铺低噪声路面。针对社会生活噪声，设置噪声扰民投诉热线，规定娱乐、健身、休闲等活动的区域、时段、音量，同时，强调房地产开发企业应需将住房可能受到的噪声影响和防治措施纳入买房合同。

（三）汇聚多方合力，推动社会共治

发挥基层组织效用，规定基层组织协助地方人民政府及其有关部门做好噪声污染防治工作，指导业主委员会、物业管理人、业主通过制定管理规约或者其他形式，约定本物业管理区域噪声污染防治要求。鼓励物业加强管理，对发生违反噪声管理条例的行为，及时予以制止；多次制止无效的，及时依法向有关部门反映。业主自发参与治理，鼓励业主共同制定条约，约定好环境噪声管理的权利

和义务，获得所有业主一致同意，所有业主签字并承诺遵守。

（四）严格依法治污，确保有诉必应

加强整治，环保部门和其他行使环境噪声监督管理权力的部门严格执法，对工业企业、施工工地、道路运输、居民小区、娱乐会所、商业门店等开展全方位巡查，对噪声污染等行为进行全面整治，确保违法行为能够在第一时间发现、第一时间行动；有诉必应，设置噪声投诉热线电话，24小时在线，帮助群众解决难题，有关工作人员接到市民投诉电话，及时向上反映，迅速开展行动，为群众及时解忧；严格执法，搜集合法证据，明确法律责任，综合运用罚款、查封扣押、按日计罚等方式和手段，把该管的管住、该封的封死、该罚的罚到位，把"让污染者埋单"抓严做实，让制度成为刚性约束和不可触碰的高压线。

专栏：远程喊停，开创噪声治理新模式

面对建筑施工噪声扰民的困扰，深圳市生态环境局坪山管理局开创了"远程喊停"新模式，借助科技手段，为噪声治理赋能，破解建筑施工超时、居民投诉剧增新难题。

引导建筑施工工地从"要我停"向"主动停"转变。通过在建筑施工工地搭建一套多参数一体化监测设备和一套远程智能监控平台，安排专门工作人员借助"监控中心监控平台＋手机APP平台"，开展24小时全天候监控。在建筑施工过程中，一旦发现建筑施工单位超分贝施工或超时施工，工作人员立即核查是否提前申报施工许可，若未取得许可仍超时作业的施工单位，坪山管理局立即进行"远程喊停"，及时阻止建筑施工工地违规施工，降低对周围环境的噪声影响。若"远程喊停"后部分建筑施工单位仍继续施工或间歇性停工后又复工的，通过搭建实时信息反馈平台，坪山管理局立即对"屡喊不停"的工地实施"点穴式"精准执法。

坪山管理局通过运用现代化技术手段，采取"线上监控＋线下执法"协同联动，借助主管部门监管优势，有效提升执法效能，改善了当地的生态文明质量，切实提高了噪声污染治理现代化水平。

第五节　深圳案例：全面推进绿色发展方式和生活方式

在推进经济系统与生态系统协同的过程中，经济生态效率成为稳态的重要衡量指标。经济与生态之间存在物质流，且各系统存在着向高熵发展的趋势。因此认为，经济发展系统取决于生态系统从经济增长中重造高熵物质流和从经济系统中生产低熵资源，正是这种重造与生产的不对称使得增长与生态间产生博弈。博弈的结果将直接关乎区域发展决策，目的在于实现经济行为与负面资源环境影响的"相对脱钩"。

深圳实践有效寻求到了增长与生态间的博弈占优解。深圳以绿色建筑、绿色交通、清洁能源为手段，全面推进绿色发展方式和生活方式；以经济生态效率提升为目标，用更少的投入获取更多的产出，通过更少的资源消耗、更少的环境污染，实现更多的价值。手段是否会有效促进目标的实现，关键在于要使这种探究成为生产商和消费者行为改变的驱动力及心理道德动机。深圳实践表明，能否创新激励与约束机制、能否提高技术进步水平、能否运用新经济运行模式，是确保绿色建筑、绿色交通、清洁能源成为有效实现目标的手段的决定因素。

一　绿色建筑率先突破决策力

对于绿色建筑设计策略的研究与发展已形成完整的体系，已形成从侧重技术维度的研究转向多维度内在关联性研究。相比于多维度内在关联性的实现策略，单纯技术维度优化策略即使存在适宜技术传统派与技术普适性高技派之间的分歧，也是相对简单的、可比较的、客观性较强的争论。因此，绿色建筑技术维度优化策略，早在20世纪90年代就已实现从长期存在的地域性建筑或是气候设计，到能源危机后的以被动太阳能设计为代表的节能建筑，再延展到以追求自然系统原则为诉求的生态建筑的优化提升路径。然而，现如今绿色建筑在落地的过程中，面对更多的是经济问题，这便与能否妥善处理多维要素内在关联度直接相关。首先，绿色建筑因为对新技术有较高的要求，所以项目前期投入大，且利润回报率低与效益回收速度慢；其次，生态投资带来的资源节约效益的显现存在较长时滞性，且公共效益和社会效益会对投资者产生收益剪刀差作用；再次，绿色建筑涉及多方参与主体——设计师、投资者、政府、公众等，但是任何一个主体都没法对建筑绿色化产生的短期效益与长期回报进行准确的评估；最后，生态意识目前仍存在"言行不一"，纸面上的意识多是前沿的、积极的，然而行动上生态考量、生态技术大多成了一种包装，绿色建筑更多情况下是新瓶装旧酒。这些现实经济运行情况与生态环境保护间的矛盾，使得绿色建筑难以实现最终决策。深圳作为绿色建筑先锋城市，以决策力为突破口，2013年颁布实施国内第一部绿色建筑政府令——《深圳市绿色建筑促进办法》，实现绿色建筑从科研立项、规划设计、施工验收到运营维护全过程制度化；2014年诞生全国第一批绿色建筑工程师，实现专业职称认证领域扩容。

正是因为有效解决了绿色建筑决策力问题，2012—2021年创造了一个又一个绿色建筑领域深圳奇迹与深圳品牌。深圳作为承接建筑领域绿色低碳试点示范最多的城市，已成为国内绿色建筑规模最大城市之一，已成为获得绿色建筑标识项目最多城市之一，已成为国内绿色建筑创新奖项最多城市之一。从率先突破领域看，深圳是全国首个绿色建筑实践奖获得城市，是全国首个全面执行新建民用节能与绿色标准的城市，是推行国家机关办公建筑和大型公共建筑在节能监测、可再生能源利用、节能改造、建筑废弃物减排与利用四个领域进行专项先行先试的城市，是全国首个绿色建筑 logo 发布城市。从集中发力区域看，光明新区是国家首个绿色建筑示范区，在已实施的绿色建筑项目中，实现四个100%——100%依山就势规划设计小区环境、100%采用外墙保温和屋顶隔热技术手段、100%采用节水器具、100%采用透水地面提高雨水渗透率，以及多个近百分百——涉及研发厂房底层架空绿化、集约用地、小区太阳能发电、小区 LED 光伏照明等。从微观项目看，龙悦居是深圳首个按照绿色建筑标准建设的保障性住宅小区，坪山雷柏工业厂房是深圳首个绿色工业建筑，万科云城是深圳首个大规模实施装配式建筑的公共建筑项目，裕璟幸福家园是深圳首个装配式保障房项目，太平金融大厦项目获评为"全国绿色施工示范工程"，南方科技大学校区拆迁项目及北环大道改造工程是全国首批建筑废弃物"零排放"示范项目，轨道交通九号线 9105 标段红树林车辆段土木工程项目是全国绿色施工样板工地，建科大楼、华侨城体育中心、南海意库项目获评为全国绿色建筑创新一等奖。从城市间量化比较看，2018—2021 年中国城市绿色建筑发展竞争力指数排名榜，深圳连续蝉联榜首，低碳成就指数、高质量发展指数、发展潜力指数、协同创新指数持续优化（见表 3 – 3）。

表 3 – 3　2021 年中国城市绿色建筑发展竞争力 TOP 10 城市①

	总指数	低碳成就指数 （35%）	高质量发展指数 （30%）	发展潜力指数 （15%）	协同创新指数 （20%）
深圳	81.61	100.00	72.92	78.13	65.08
上海	79.41	92.25	75.39	60.18	77.37
北京	71.45	75.36	60.89	54.98	92.80
南京	67.43	76.68	56.43	72.35	64.05
天津	67.10	77.25	63.54	44.94	71.30
广州	63.25	73.91	47.43	75.15	59.38
重庆	61.55	74.87	58.27	58.23	43.65
武汉	59.54	70.99	45.50	67.91	54.27
长沙	59.52	76.68	48.56	57.34	48.56
杭州	59.50	66.58	46.83	69.93	58.29

2012—2021 年，深圳在绿色建筑领域的不断突破、不断积累，为下一阶段全面建立绿色建造体系、实施最严格绿色建筑条例奠定了坚实的基础。深圳将建立绿色建造、智能建造与新型建筑工业化

---

①　清华同衡绿色建筑与节能研究所：《2021 中国城市绿色建筑发展竞争力指数报告》，https://m.thepaper.cn/baijiahao_15961375。

协同发展的政策体系和产业体系，力争建筑能耗达到国际先进水平，推动实现建筑领域碳达峰。

（一）率先制定绿色标准是助力深圳成为绿色建筑领跑者的先行探索

多年来深圳在全国率先立法，要求新建建筑全面执行建筑节能和绿色建筑标准，在多个专项领域成为国家试点示范城市。2006年深圳颁布实施全国首部建筑节能条例——《深圳经济特区建筑节能条例》，实行建筑节能一票否决制，要求建筑项目在设计时按照有关建筑节能的法规、强制性标准和技术规范进行节能设计，否则不能开工建设，深圳因此成为全国最早全面强制新建民用建筑执行建筑节能标准的城市。2010年深圳率先在国内强制推行保障房按绿色建筑标准建设，陆续发布《深圳市住房保障发展规划（2011—2015）》和《深圳市保障性住房建设标准（试行）》。2013年深圳颁布实施全国首部绿色建筑政府规章——《深圳市绿色建筑促进办法》，为全面促进绿色建筑发展、推动城市建设转型升级提供法律依据和保障。此后还相继出台《绿色建筑标识管理办法》《居住建筑节能设计规范》《绿色建筑评价标准》为绿色建筑提供技术指导。2022年出台《深圳经济特区绿色建筑条例》，这是全国首部将工业建筑和民用建筑一并纳入立法调整范围的绿色建筑法规，开启了最严管理绿色建筑新篇章。

（二）严格执行绿色标准是推动深圳迈入绿色建筑快车道的有效路径

科学的行政手段可以打牢绿色发展的基础，在推动绿色发展的过程中，行政管制守护着生态环境的"底线"和"红线"。深圳要求城市改造应严格遵循绿色标准，出台《深圳经济特区城市更新条例》和《深圳经济特区绿色建筑条例》，明确规定本市新建建筑的建设和运行应当符合不低于绿色建筑标准一星级的要求，要求城市更新在立项、规划、设计、施工等阶段，明确绿色建筑等级、节能减排目标、技术路径以及装配式等新型建筑工业化建造方式的要求等内容，不符合绿色要求的不得通过竣工验收，市、区人民政府应当将绿色建筑发展纳入国民经济和社会发展规划，将绿色建筑发展工作情况列为综合考核评价指标。深圳通过新建建筑 100% 绿色化，既有建筑全面提升改造，已经实现建筑领域 100% 绿色化。截至 2020 年年底，深圳共有绿色建筑评价标识项目 1359 个，总面积超过 1.27 亿平方米，绿色建筑密度约为 6.4%，累计有 39 个项目获得国家三星级绿色建筑标识，8 个项目获得全国绿色建筑创新奖，绿色建筑标识数量和面积均全国领先，其中高星级绿色建筑项目数量占比高达 91.3%。

（三）科学合理考核评价是优化提升深圳绿色建筑质量的重要抓手

深圳市政府建立推行绿色建筑联席会议制度，住建局负责制订全市绿色建筑发展规划和年度实施计划，明确绿色建筑等级比例要求，负责对全市绿色建筑实施全过程监督管理；发改、科创、财政、规划和自然资源、城管、水务等部门依据职责做好绿色建筑相关工作。市人民政府将促进绿色建筑发展情况列为综合考核评价指标，纳入节能目标责任评价考核体系和绩效评估与管理指标体系，按年度对相关部门和各区人民政府进行考核与评估，相关内容在《深圳市绿色建筑促进办法》中有专门条款予以规定，有效提升工作积极性。

专栏：深圳打造"有机更新"城市样本

龙岗区保障性住房（葵涌地块）建设工程选址位于深圳市龙岗区葵涌街道葵涌中心区葵兴西路南侧，用地面积为 24804.62 平方米，总建筑面积为 80490 平方米，其中住宅 67150 平方米，商业及配套用房 2300 平方米、地下室 11040 平方米，主要建设 8 栋 18—24 层的商业住宅楼，共 1342 套住房，并配套物业管理用房、文化活动室、地下车库等设施，用地性质为二类居住用地，该项目以政府为主导，以强制政策为基础，以政府投资项目高标准建设绿色建筑为示范；因地制宜、生态优先，以生态资源为基底，巩固既有生态优势，优先采用生态效益显著的绿色建筑技术，加强可再生能源、非传统水源利用；全过程监管，贯彻全过程绿色建筑监管体系，提高建筑规划、设计、建设和运营全过程中的资源利用效率，以最少的资源消耗获得最大的建筑经济、社会和环境效益；获得绿色建筑一星级设计标识，打造成为城市更新亮点示范项目。

二　绿色交通宽领域践行力

现代交通运输业发展体系的形成过程既强调产业经济价值的最大化，又兼顾应对气候变化要求如何在满足人民日益增长的出行要求下实现二氧化碳减排，基于此，绿色交通成为协调增长与生态矛盾的又一有力抓手，应运而生。从现代交通运输业规模价值提升角度看，2012—2021 年，深圳交通运输、仓储和邮政业增加值从超450 亿元规模层级增长至接近 850 亿元规模层级，年均增速 8%，且在 2017 年达增速峰值（21.5%），见表 3 - 4。从现代交通运输业绿色转型升级角度看，2012 年的深圳仍面临亟须全面构建绿色交通体系的发展现实。交通运输行业节能减排任务艰巨，机动车尾气排放对城市大气环境影响日益突出，全社会低碳绿色出行意识尚未形成。因此，深圳将不断加大绿色交通发展力度，从加速新能源汽车应用推广、提高运输系统效率、促进公众绿色出行权责三个方面宽领域推进。

表 3 - 4　深圳交通运输、仓储和邮政业规模化发展情况一览

年份	增加值（亿元）	增速（%）	产业增加值占 GDP 的比重（%）
2012	470.96	7.4	3.6
2013	465.37	9.0	3.5
2014	502.97	8.1	3.0
2015	543.90	9.8	3.0
2016	630.45	10.9	3.0
2017	705.68	21.5	3.0
2018	738.37	10.2	3.0
2019	783.56	7.5	2.9
2020	713.84	- 0.9	2.9
2021	849.71	9.7	2.6

资料来源：《深圳市统计年鉴》。

（一）加快新能源汽车应用与推广

深圳已成为新能源汽车应用规模最大的城市，2012 年深圳新能源汽车保有量 2.4 万辆，其中公交车 4000 辆、出租车 2500 辆、家庭用车 15000 辆、公务用车 2500 辆，至 2021 年深圳市新能源汽车保有量超 50 万辆。2012—2021 年，公交车率先于 2017 年 9 月实现 100% 纯电动化，出租车于 2021 年实现 100% 纯电动化，物流车与私家车也逐步成为新能源汽车保有量大幅提升的主力军。深圳新能源汽车的高效推广与应用主要得益于创新商业运营模式、以龙头企业带动构筑全产业链等。

通过创新新能源汽车商业化应用发展模式，解决新能源汽车购置成本压力问题、新车投放与充电设施双重支出问题、动力电磁寿命与车辆使用期不匹配问题。深圳加快新能源汽车在公交车和出租车中的推广应用，实施私人购买新能源汽车补贴方案，鼓励在校车、警务用车、公务用车、黄标车更新用车中推广使用电动车；促进清洁能源货运车辆使用，引导交通货运行业使用 LNG 清洁能源车辆，培育节能减排示范项目和绿色示范企业；实施"融资租赁、车电分离、维统结合"的纯电动化商业模式，初步实现资产轻化、里程保障、自行充电、利益共享发展目标。

比亚迪充分发挥龙头企业带动作用，以自主研发链通新能源。比亚迪以电池领域作为起步，在新能源汽车电池领域的自主研发、设计和生产能力，已形成完整的电池产业链，产品出口至美国、德国、日本、瑞士、加拿大、澳大利亚、南非等多个国家和地区。继而通过"逆向研发"现已掌握新能源汽车电池、电机、电控及充电配套、整车制造等核心技术，积极推动多种场景的"油改电"，转型为全球新能源汽车领跑者并实现快速发展。2015 年 4 月 20 日，比亚迪发布"7 + 4"全市场战略，即在私家车、城市公交、出租车、道路客运、城市商品物流、城市建筑物流、环卫车七大常规领域和仓储、矿山、机场、港口四大特殊领域全面推广新能源车。2018 年在国内汽车行业产销量出现 28 年来首次负增长的形势下，比亚迪全年汽车总销量 52 万辆，同比增长 25%；其中新能源车销量 24.8 万辆，同比增长 118%，连续四年蝉联全球新能源车市场销量冠军。

（二）率先开展绿色港口建设

深圳在全国率先开展港口绿色化建设，是全国具备岸电设施泊位最多的港口。一方面，大力推进轮胎式集装箱门式起重机（RTG）"油改电"工作，加快发展采用市电供电的龙门起重机等高能效港口装卸设备和工具，引导轻型、高效、电能驱动和变频控制的港口装卸设备的发展，提高能源使用效率。研发推广电能回馈、储能回用等新工艺、新技术。另一方面，积极推进靠港船舶使用岸电，力争新建码头和船舶配套建设靠港船舶使用岸电的设备设施，在国际邮轮码头、主要客运码头、内河主要港口以及30%的大型集装箱码头和散货码头实现靠港船舶使用岸电。与此同时，加强研究船用热泵技术、低表面能涂料、余热回收技术及气膜减阻技术在内河船舶上的应用。

2012—2021年，深圳因地制宜，加快构建全球领先的绿色发展示范港。以《深圳市绿色低碳港口建设行动方案》为方向导引，相继颁布实施《深圳市港口、船舶岸电设施和船用低硫油补贴资金管理办法》《集装箱码头单位产品能源消耗限额管理办法》。在政府导引下相关行业协会及头部企业发起签署《深圳港绿色公约》。在探索资源约束目标制下港口治理范式方面，不断突破创新。推行集装箱码头集卡全场智能调度系统、内河船舶免停靠报港信息服务系统、内河智能导航系统，加快运输装卸设备节能减排技术应用，推动绿色港口建设及清洁能源应用，加大清洁能源在港区内的使用，鼓励游船和港作船舶使用电能或者LNG动力，新增港作拖轮加装尾气处理设施，加大港口船舶水污染物监测防治工作，提升深圳本地船舶含油污水处置能力，形成港城融合的绿色发展格局。截至2021年年末，港口生产作业单位集装箱吞吐量综合能耗及碳排放量双下降，船舶靠泊期间硫氧化物、氮氧化物、颗粒物均大幅降低。

（三）提高公众绿色出行可行性

交通领域减碳一直是构建现代化交通运输业的重点和难点，深圳交通运输仍处于能源结构、运输结构优化调整攻坚期，交通碳排放在全市碳排放中的占比约为40%。相比于港口集疏运体系仍以公路为主导，海铁联运、水水中转比例偏低，小汽车中新能源比例仅为10%，公共交通出行分担率仍需进一步提升等问题，转变社会公众出行方式更容易在短期内见效。原因在于，深圳在绿色出行方面具有坚实的群众基础。如图3-5所示，根据2012年对全市近8000人的抽样问卷调查，以及近800份的网上问卷调查结果显示，八成以上的市民支持发展自行车交通，小汽车拥有者对发展自行车交通的支持率也超过75%。在自行车使用方便时，约六成小汽车使用者表示会减少小汽车的使用，约75%的中学生表示愿意骑自行车上下学（目前仅为20%学生骑车上下学）。

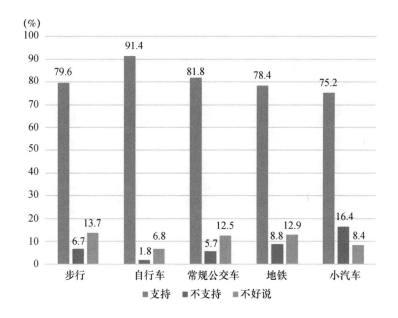

图3-5　不同交通方式对发展自行车交通的态度

资料来源：钱坤、郑景轩：《深圳市自行车交通现状特征与发展策略研究》，公交优先与缓堵对策——中国城市交通规划年会暨学术研讨会，2012年。

如何用好绿色出行良好的公众基础，并使之持续优化，深圳在"以人为本、因地制宜、协调发展、连续畅达、舒适多样"上加重笔墨。通过智慧化手段倡导低碳出行理念，建立交通信息平台，提供低碳车辆和燃料的专业信息，帮助公众制订出行计划和提供多样化出行方式的选择。强调在步行交通系统规划建设中保育自然生态，发展慢行交通，完善公共自行车低价或免费租赁等相关制度，布局规划和建设公共自行车停放设施，加快完善异地租车还车网络。鼓励公众购买小排量汽车和新能源车辆，倡导"少开一天车""绿色出行"等形式的低碳出行推广活动。鼓励加快发展物流配送服务，倡导网络购物等替代选择，减少公众机动车出行。

经过10年的努力，2019年公众绿色交通出行率达78%，鉴于坚实的群众基础和不断优化的交通基础设施条件，深圳提出到2025年该项指标值力争突破81%。持续提高的绿色交通出行分担率，表明深圳在引导居民使用城市轨道交通、公共汽电车、自行车和步行等绿色出行方式的出行量不断提升。

专栏：深圳市步行交通系统建设经验

经验之一：对核心片区进行分类塑造，打造硬核心。依据城市总体规划和近期建设规划中新建、改扩建城市干线性主干路和主干路的实施计划，结合综合枢纽、客运枢纽和口岸等人流集散地区的新建与改扩建情况，将核心步行片区划分为整治改善片区、提升优化片区、新建开发片区。其中，整治改善片区主要结合具体的城市更新、环境提升和道路交通改善等工程，增加步行网络密度，增设立体人行过街设施，改善街区步行路和地块连通径等类型步行路径的沿线人行道、照明和绿化环境等设施。提升优化片区将完善立体步行设施、步行过街设施和交通设施的接驳，采取适宜车行交通组织措施，合理地疏导人车交通，减少人车矛盾，优化步行景观环境，促进各类城市休闲活动集聚，带动片区效益提升。新建开发片区全面地贯彻"以人为本、步行优先"规划建设理念，依托道路新建、用地开发和景观营造等规划建设活动，应用最先进的技术和设施，通过整体的系统规划，将步行交通系统融合公共/轨道、道路交通和公共建筑等设施进行一体化设计，建设具有国际水平的友好步行交通系统。

经验之二：营造友好步行文化氛围，提升软实力。塑造深圳步行文化形象。结合深圳城市发展历史、人群结构特点和文化特色，将步行文化上升为城市文化遗产或文化事件的一个组成部分，在建筑、展览、剧院、文学读物、摄影或街道展示动画等媒介中，颂扬和塑造具有深圳特色的城市步行文化形象。

推广多样步行文化资讯。依托国内步行相关网站平台（如磨房网等），创建深圳步行文化资讯信息门户网站，提供"一站式"访问，提供最全面、最新的步行交通政策、项目计划、活动资讯和服务信息，形成步行文化交流、活动组织和政策宣传的资讯平台，鼓励和吸引深圳市民和游客步行。加之，出版"步行探索深圳"系列地图，通过公众咨询、实地和文献调研，结合步行相关研究成果，制作突显深圳重要自然景观资源、公共文化娱乐目的地、历史文化风貌、现代商业商务服务和绿色花园城市住区等特点的系列步行路线图，以鼓励深圳居民和游客步行游览各项城市功能。

扩大步行活动的参与度。围绕年度"深圳百千米"活动，以全市各区步行网络为载体，增加步行活动的路线多样性，提高步行活动的参与热度，增加步行参与人数。发展步行活动民间社团组织，邀请专业人士开展步行宣讲，宣传步行益处鼓励市民参与步行；承担步行活动指导、活动组织和文化宣传等内容。

社会多方主体共同促进。通过适当的政府财政和企业团体的奖励，制定具体奖励实施方案，促进政府职员、公务人员和企业员工采取步行方式上下班，或在工作期间尽可能地采取步行出行。

三　深圳清洁能源节能降耗持续力

在经济高速增长下，单位 GDP 能耗下降目标的实现，得益于清洁能源的广泛应用。2012—2021 年，深圳 GDP 实现翻番，从 2012 年的 13496.27 亿元提升至 2021 年的 30664.85 亿元，单位 GDP 能耗和电耗稳步下降（见图 3-6），增长与生态实现"鱼和熊掌"兼得之势，以能源供给体系、能源利用体系、能源管理体系间形成的"稳态三角"为充分必要条件。

（一）构建多元、灵活、安全、清洁的能源供给体系

深圳实施以清洁能源为主的能源发展战略，提高天然气供应保障水平，大力推广光伏、风能等可再生能源发电，全力推动水电、

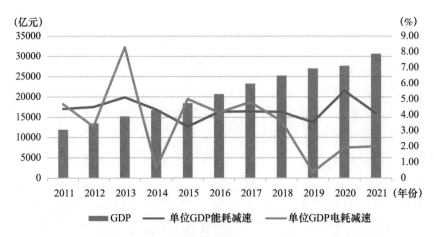

图 3－6　2011—2021 年深圳 GDP 总量、单位 GDP 能耗及电耗

资料来源：《深圳市统计年鉴》。

光伏等清洁能源并网，推进能源结构迅速转型。截至 2020 年，深圳市的能源消耗总量控制在 4500 万吨标准煤以内，清洁能源占一次能源消耗的比重达 67.4%，本地清洁能源装机占比达 89%，2020 年单位 GDP 能耗比 2015 年下降约 18.5%，比 2010 年下降 34.7%。"十三五"时期，全市的天然气输配网络基本形成"多气源、一张网、互联互通、功能互补"格局，天然气管网覆盖率从"十二五"时期的 72.6% 提高至 2020 年的 84.0%。2020 年风电、光伏、水电合计上网电量 69.71 亿千瓦时，减少二氧化碳排放 614 万吨。在生物质能领域，深圳建成生活垃圾焚烧发电厂 9 座，全市垃圾焚烧处理能力新增 1.1 万吨/日，达到 1.8 万吨/日。到 2020 年，全市垃圾发电总装机容量达到约 540 兆瓦，比"十二五"末增长约 2.7 倍；电网智能化水平进一步提升，配网自动化、光纤覆盖和低压集抄覆盖分别提升了 50%、79% 和 100%。

（二）构建智能、先进、高效的能源利用体系

加强能源科技创新，重点研究低成本规模化可再生能源开发利用技术，太阳能发电技术和太阳能建筑一体化技术，燃料电池技术，水电、生物质能、氢能、地热能、海洋能和沼气等新能源创新技术；密切跟踪快堆设计及核心技术以及相关核燃料和结构材料的技术研发和产业化，积极参与国际热核聚变实验反应堆的合作与研

究。在加快高能效发电技术研发和应用方面，深圳鼓励发电企业结合脱硫和脱硝工作，研发应用高效发电技术和节能减排技术改造机组主体设备和重要耗能辅机系统，加装污染控制设备，提高发电用煤用气利用效率，逐步降低电厂自用电率和碳排放。

提高能源利用效率，一方面不断降低火电厂能耗，对现存燃煤电厂、燃气电厂积极推进发电机组进行升级改造，另一方面积极推进电网建设，加快外来电送入通道建设，完善 500 千伏主网架结构，优化局部片区 220 千伏电网结构，加快完善配电网，促进各层级电网协调发展，提高供电可靠性，推进智能电网试点提高输、配电设备状态监测水平，积极接纳各类分布式电源以适应可再生能源和新能源汽车等的发展需要。

（三）创新现代能源管理体系

深圳市出台了包括《深圳新能源产业振兴发展规划（2009—2015 年)》《深圳新能源产业振兴发展政策》在内的一系列新能源发展相关政策，鼓励太阳能、核能、风能、生物质能、氢能等领域的有序发展，实施科技创新、产业培育、开发促进、应用拓展和产业服务等配套工程和策略，迅速壮大产业规模，提高新能源供应比例。另外，深圳市政府利用财政和税收优惠政策鼓励新能源企业发展，并设立专项基金用于新能源技术的研发，从 2010 年开始，深圳每年从财政资金中拿出 5 亿元支持新能源产业做大做强，并通过支持技术研发、项目引进、基地建设等方面稳固新能源的发展。

积极开展风能利用示范，结合风能资源和建设条件，研究建设风电示范项目，带动风电装备产业发展；推进天然气、风能、核能等清洁能源电厂以及分布式能源建设，持续增强电力供应保障能力。为了推进太阳能应用，深圳市在具备太阳能集热条件的民用建筑全面配置太阳能热水系统，鼓励开展光热利用或光伏发电试点，加快推进太阳能光伏建筑一体化（BIPV）示范工程，探索太阳能空调、地源热泵等可再生能源的建筑应用，积极推进在产业园区、公共设施等建设屋顶分布式光伏发电项目，在具备条件的城市道路和公共场所推广使用太阳能、LED、风光互补照明灯具等新能源产品。为了优化能源储存及利用，深圳市积极推进储能电站、太阳能—储能电站的示范应用，推进天然气分布式能源、太阳能分布式能源等清洁能源项目的建设，在具备条件的城市功能区和产业园区，试点建设天然气分布式冷热电联供系统和太阳能光伏、光热系统，促进常规能源与可再生能源互补发展。

专栏：深能环保盐田能源生态园

盐田能源生态园于 2003 年 12 月建成投产，占地面积 44000 平方米，集"生活垃圾处理＋科普教育＋休闲娱乐＋工业旅游"于一体，打造"可复制、可推广"的深圳标准和深圳模式。

生态园采用国产化的深能环保－SEGHERS 垃圾焚烧炉，采用"SNCR＋半干式反应塔＋干法脱酸＋活性炭喷射＋布袋除尘系统＋SCR"脱销系统工艺，烟气排放数据通过 CEMS 实时传输至深圳市环境监测中心站，目前日处理生活垃圾 450 吨，主要处理来自盐田区和大鹏新区的生活垃圾，每天焚烧发电 16 万度，相当于 400 个家庭一个月的用电量，真正实现变废为"电"。生态园所采用的垃圾焚烧炉，焚烧时排放的各项污染物排放指标均优于欧盟标准，有效控制垃圾焚烧时的污染物排放。同时，生态园重视资源的回收利用，垃圾焚烧后的灰渣用于制造环保砖、高温烟气进行热量回收，产生高温蒸汽后推动汽轮发电组发电，输送至电网供市民使用。

生态园也十分注重社会责任的培养，打造向市民普及垃圾分类和焚烧环保知识的城市及展厅，介绍"垃圾围城"的紧迫感，学习垃圾分类知识，了解垃圾减量化、资源化、无害化的焚烧科学，通过网站与微信，在垃圾焚烧处理行业率先开发居民免费预约参观电厂系统。对土地资源稀缺的深圳来说，垃圾填埋难以持续，而像深能环保盐田能源生态园所采用的垃圾焚烧发电技术不仅可以实现垃圾减量 80％ 以上，节约填埋用地、减少污染，还可以产生发电效益，实现多种资源的循环高效利用。

第二篇

生态质量与经济增长的冲突

本篇导读

本篇从现实依据和理论支撑两个维度来回答生态质量与经济增长之间的冲突及跨越。通过发展事实例证、数据呈现、案例剖析等研究方法，从发展中国家对生态质量与经济增长间的选择与替代、尝试从探索跨越生态质量与经济增长间鸿沟的实践、发展中国家探索生态质量与经济增长协同发展的理论范式三个方面进行研究分析。

第四章为发展中国家对生态质量与经济增长间的选择与替代，分析以印度、越南为代表的起飞经济体，与以泰国、巴西和南非为代表的中等收入陷阱体社会发展与生态环境发展的互动关联过程，梳理起飞经济体生态文明与经济增长矛盾证据和中等收入陷阱体经济发展历程，回答了起飞经济体与中等收入陷阱体经济增长与生态质量矛盾的原因。

第五章为尝试探索跨越生态质量与经济增长间鸿沟的实践，分别对代表性起飞经济体、中等收入陷阱体、发达国家环境治理的政策与措施进行梳理、罗列以及对比分析，回答了不同收入阶段国家环境治理实践取得不同成效的原因，尝试探索跨越生态质量与经济增长间鸿沟的实践。

第六章为发展中国家探索生态质量与经济增长协同发展的理论范式，通过对马克思恩格斯的生态思想、新自由主义的生态观、可持续发展思想以及绿色发展理念进行系统梳理，从生态质量与经济增长矛盾关系转化三阶段对其理论探索进行分析，回答以中国为代表的发展中国家生态质量与经济增长协同发展的理论范式。

第四章 发展中国家的困惑：生态质量与经济增长间的选择与替代

生态文明是人类的必由之路，"万物并育而不相害，道并行而不相悖"。认识到问题的存在，并不断地做出改变，是当前人类所迫切需要做出的举动。当前全球生态环境问题带来的危机冲击，为从工业文明转向生态文明提供了驱动力。

第一节 起飞经济体的生态质量与经济增长

本节以印度、越南等已迈入经济快速增长阶段的经济起飞体为代表，通过经济增长事实例证、数据①呈现等方式，证明这类国家在经济起飞阶段中往往伴随生态环境破坏加剧，并且凸显这一矛盾的严重性。本节对起飞经济体的论证，是为了体现一个国家在迈入经济快速发展时期的过程中，随着人均 GDP 的增长，生态环境破坏程度也随之加深，即处于环境库兹涅茨曲线的左侧，经济的快速发展伴随着生态破坏的加剧，生态质量与经济增长的矛盾是众多起飞经济体难以回避的现实难题。

一 印度

自 1991 年以来，印度人均 GDP 进入了高速增长的状态，增长幅度超过 5 倍。但值得注意的是，印度经济起飞的背后伴随着严重

---

① 包括人均 GDP、人均碳排放量、单位 GDP 能耗等。

的生态环境破坏，高速的经济增长导致其能源消耗以及碳排放强度居高不下，进而加剧了生态环境的破坏。生态质量与经济增长间的冲突在印度已然呈现。

（一）以拉奥政府经济改革为标志的经济起飞成就

印度自 1947 年独立后实现经济起飞的转折点可确定为 1991 年的全国经济改革。受当时世情所迫，拉奥政府当局摒弃以政府干预为主要手段的经济发展模式，全面提升市场开放自由度，改革范围聚焦于工业、服务业、对外贸易、政府财政等多个方面。自此，印度的经济低速增长状况明显改善，摆脱了"低增长综合征"①的困扰，迈入快速增长的进程，其高速发展成就在国民生产总值、对外贸易、吸引外资等方面得到全方位体现。

从国民生产总值看，1960—1990 年（经济改革前），印度 GDP 从 370.30 亿美元增长至 3209.79 亿美元，年均增速仅为 7.52%，低于同期全球 GDP 增速水平（9.97%）2.45 个百分点。自印度 1991 年经济改革后的 30 年时间里，其经济增长状况有了明显改善，GDP 从 1991 年的 2701.05 亿美元增长至 2020 年的 26602.45 亿美元，年均增速达 8.21%，是同期全球 GDP 增速水平（4.49%）的 1.8 倍，且明显高于 1961—1990 年的年均增速水平（见表 4-1）。

表 4-1　　1960—2020 年印度、全球 GDP 及其增速情况一览

年份	印度		全球	
	GDP（亿美元）	GDP 增速（%）	GDP（亿美元）	GDP 增速（%）
1960	370.30		13902.98	
1961	392.32	5.95	14464.18	4.04
1962	421.61	7.47	15482.23	7.04
1963	484.22	14.85	16690.94	7.81
1964	564.80	16.64	18275.14	9.49
1965	595.55	5.44	19908.67	8.94

---

① 印度自独立到 20 世纪 70 年代末，国内经济年均增长率仅为 3.5%，出现了"低增长综合征"现象。

续表

年份	印度		全球	
	GDP（亿美元）	GDP 增速（%）	GDP（亿美元）	GDP 增速（%）
1966	458.65	-22.99	21606.33	8.53
1967	501.35	9.31	22989.8	6.40
1968	530.85	5.89	24813.55	7.93
1969	584.48	10.10	27368.96	10.30
1970	624.22	6.80	29924.38	9.34
1971	673.51	7.90	33054.88	10.46
1972	714.63	6.11	38115.65	15.31
1973	855.15	19.66	46500.5	22.00
1974	995.26	16.38	53594.11	15.25
1975	984.73	-1.06	59700.99	11.39
1976	1027.17	4.31	64908.19	8.72
1977	1214.87	18.27	73414.25	13.10
1978	1373.00	13.02	86462.31	17.77
1979	1529.92	11.43	100425.9	16.15
1980	1863.25	21.79	113214	12.73
1981	1934.91	3.85	117124.5	3.45
1982	2007.15	3.73	115959.3	-0.99
1983	2182.62	8.74	118237.4	1.96
1984	2121.58	-2.80	122555.7	3.65
1985	2325.12	9.59	128899	5.18
1986	2489.86	7.09	152411.9	18.24
1987	2790.34	12.07	173476.3	13.82
1988	2965.89	6.29	193734.8	11.68
1989	2960.42	-0.18	201713.3	4.12
1990	3209.79	8.42	227395.2	12.73
1991	2701.05	-15.85	237070.2	4.25
1992	2882.08	6.70	253937	7.11
1993	2792.96	-3.09	258224.5	1.69
1994	3272.76	17.18	278724.2	7.94

续表

年份	印度		全球	
	GDP（亿美元）	GDP 增速（%）	GDP（亿美元）	GDP 增速（%）
1995	3602.82	10.09	310438.1	11.38
1996	3928.97	9.05	317362.8	2.23
1997	4158.68	5.85	316198.3	−0.37
1998	4213.51	1.32	315397	−0.25
1999	4588.20	8.89	327366	3.79
2000	4683.95	2.09	338319.4	3.35
2001	4854.41	3.64	336148.5	−0.64
2002	5149.38	6.08	349182.1	3.88
2003	6076.99	18.01	391479.7	12.11
2004	7091.49	16.69	441143.2	12.69
2005	8203.82	15.69	477778.5	8.30
2006	9402.60	14.61	517786.7	8.37
2007	12167.35	29.40	583375.4	12.67
2008	11988.96	−1.47	640715	9.83
2009	13418.87	11.93	607810.1	−5.14
2010	16756.15	24.87	665005	9.41
2011	18230.50	8.80	736714.6	10.78
2012	18276.38	0.25	753115.6	2.23
2013	18567.22	1.59	774432.3	2.83
2014	20391.27	9.82	795755.3	2.75
2015	21035.88	3.16	751171.4	−5.60
2016	22947.98	9.09	763132	1.59
2017	26514.73	15.54	812246.4	6.44
2018	27011.12	1.87	862743	6.22
2019	28705.04	6.27	875680.5	1.50
2020	26602.45	−7.32	847469.8	−3.22

资料来源：世界银行数据库。

从对外贸易看，1991年实施改革以来，印度不断寻求突破，一改以往相对封闭的国际贸易状况，积极融入全球贸易的发展进程中。1960—1990年，印度商品进出口总额长期维持小规模水平，占GDP的比重低于10%，对经济增长的支撑力度十分有限。自1991年经济改革后，印度政府在出口和进口两个方面都进行了大规模的政策调整，逐步取消进出口数额限制，并为符合资格的企业主体提供免除进口关税许可证，此举给予了外贸进出口企业强大的扶持，并成功推动商品进出口贸易额快速增长，进而使对外贸易成为国民经济收入的重要支柱。在印度全面实施经济改革的次年，其商品进出口总额占GDP的比重便首次实现突破15%的重要成就，改革效果立竿见影。1991—2020年，印度商品进出口总额占GDP的比重的平均值为26.53%，是1960—1990年均值水平的2.7倍。

从吸引外资情况看，拉奥政府的经济改革打通了国内外市场的连接渠道，印度市场需求得到充分释放，外国投资者对印度市场产生了浓厚的投资兴趣。1970—1990年，印度外国直接投资净流入量占GDP的比重始终低于0.1%，年均增速仅为8.60%，远低于同期的全球平均水平。自1991年经济改革后，印度外国直接投资净流入量迅速提升，从1991年的0.74亿美元增长至2020年的643.62亿美元，年均增速高达42.84%，占GDP的比重从1991年的0.03%提升至2020年的2.42%，实现了近81倍的增长。

（二）生态环境恶化

随着经济快速增长，印度的生态环境恶化程度愈演愈烈，现阶段在大气污染、能源消耗、碳排放等方面已遭遇尖锐问题。恶劣的生态环境质量不仅对印度公众的身体健康构成了极大的威胁，给印度公共卫生服务带来了巨大的压力，也成为阻碍国家经济可持续发展的重大隐患。

1. 大气污染程度严重

根据瑞士空气质量技术公司IQAIR公布的《2021年全球空气质量报告》，现阶段印度的空气污染状况令人担忧。2018—2021年印度基于年度PM2.5的平均浓度水平均保持在50毫克/立方米以上，超过世界卫生组织指导值①10 倍，其污染程度在评测年份中一直处于全球前五位行列，是全球大气污染程度最严重的国家之一，且全国范围内没有一个城市的空气质量达到世卫组织的标准。

同时，《2021 年全球空气质量报告》还指出，全球空气污染最严重的 100 个评测城市中，来自印度的城市数量高达 63%，位居全球各国之首。其中，印度首都德里连续四年成为世界上污染最严重的首都城市，污染水平同比增长高达 15%，其 PM2.5（96.4 毫克/立方米）是世卫组织安全限值的 19 倍。空气质量"差"到"严重"的天数为 168 天，高于 2020 年的 139 天，同比激增 21%（见图 4 -1）。

排名	国家/地区	2021	2020	2019	2018
1	孟加拉国	76.9	77.1	83.3	97.1
2	乍得	75.9			
3	巴基斯坦	66.8	59	65.8	74.3
4	塔吉克斯坦	59.4	30.9		
5	印度	58.1	51.9	58.1	72.5
6	阿曼	53.9	44.4		
7	吉尔吉斯斯坦	50.8	43.5	43.2	
8	巴林	49.8	39.7	46.8	59.8
9	伊拉克	49.7			
10	尼泊尔	46	39.2	44.5	54.1

图 4 -1　2018—2021 年全球 PM2.5 排名前十国家一览（单位：毫克/立方米）

资料来源：《2021 年全球空气质量报告》，https：//max. book118. com/html/2022/1127/5042313333010023. shtm。

---

① 世界卫生组织于 2021 年 9 月将可接受的细颗粒物（即 PM2.5）浓度标准设定为 0—5 毫克/立方米。

2. 能源消耗快速增长

从能源消耗总量看，如图 4 - 2 所示，2015 年印度一次能源[①]消耗量达 28.68 艾焦，首次超越俄罗斯成为世界第三大能源消耗国，此后，印度的一次能源消耗量稳居世界前三。2020 年，印度一次能源消耗量增长至 31.98 艾焦，仅次于中国（145.46 艾焦）与美国（87.79 艾焦）。

从能源消耗增长速度看，2010—2020 年印度一次能源消耗量年均增速高达 3.59%，该增速水平位于全球第八，是全球同期增速（0.97%）的 3.7 倍，较中国同期增速高出 0.21 个百分点，较美国同期增速高出 4.16 个百分点，可见，印度能源消耗已然呈现显著的高增长特征。

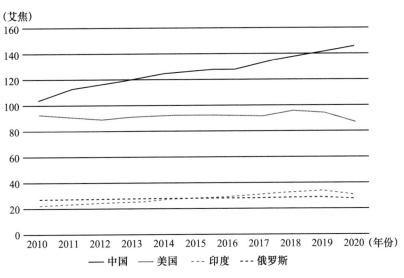

图 4 - 2　2010—2020 年全球一次能源消耗量排名前四
国家情况

资料来源：根据世界银行数据库、《bp 世界能源统计年鉴（2021 年版）》相关数据整理所得。

---

① 一次能源包括进行商业交易的燃料，含用于发电的现代可再生能源。

3. 碳排放强度居高不下

印度经济的快速增长需要大量的煤炭能源投入，因此其碳排放强度日益增长。就现阶段而言，无论是煤炭消费总量还是全球占比，印度仍无法有效扭转高速增长的趋势。从总量规模看，印度碳排放量从 2010 年的 1652.1 百万吨增长至 2020 年的 2302.3 百万吨，排放总量在近十年来均处于全球第三，占全球碳排放总量的比重达 7%，仅次于中国（30.66%）与美国（13.81%）。从增长速度看，2010—2020 年印度碳排放量年均增速高达 3.37%（见表 4-2），位居全球第十位，是全球总体增速水平的 11 倍，且明显高于中国、美国的同期增速水平。按目前增长趋势来看，印度仍将深受碳排放量居高不下的问题困扰。

表 4-2 　　　　2010—2020 年碳排放量排名前三国家及
全球情况　　　　　　　　　　　　单位：百万吨

	2010	2011	2012	2013	2014	2015	2016	2017	2018	2019	2020	2010—2020 年均增速（%）
中国	8145.8	8827.2	9004.2	9247.4	9293.2	9279.7	9279.0	9466.4	9652.7	9810.5	9899.3	1.97
美国	5495.0	5348.4	5101.5	5268.3	5277.6	5165.6	5060.8	5003.2	5166.0	5029.4	4457.2	-2.07
印度	1652.1	1730.0	1844.5	1930.2	2083.8	2151.9	2243.2	2324.7	2449.4	2471.9	2302.3	3.37
全球总计	31291.4	32172.5	32504.0	33071.2	33140.7	33206.1	33361.9	33726.9	34351.1	34356.6	32284.1	0.31

资料来源：世界银行数据库。

二　越南

自越南全面实施革新开放以来，其国民经济状况有了质的飞跃，1985—2020 年越南人均 GDP 增速位列全球第六，实现了近 27 倍的增长。但是，这些出色的经济发展成就却是以牺牲生态环境为代价的，大量吸纳国际产能转移虽推动越南经济快速发展，但由此引发的环境污染问题日益严重，同时也给越南未来的经济发展埋下了巨大隐患。

（一）以革新开放为标志的经济起飞成就

因世情压力以及国内经济发展的需要，越南政府于 1986 年正式召开第六次全国代表大会，首次明确在全国范围内实施革新开放，一改以往政府计划为主的经济发展模式，将市场经济放在核心位置，打开国际贸易、国际投资的大门，吸引国内外大量资本，从而推动国家经济走入快速发展阶段。

得益于革新开放的科学发展规划，越南经济发展实现了全球领先的增长速度。如图 4 - 3 所示，1985—2020 年越南人均 GDP 从231.45 美元增长至 2785.72 美元，增长幅度超过 11 倍，年均增速高达 7.37%，位列全球第六，且为世界整体增速水平的 1.8 倍，呈高速增长态势。

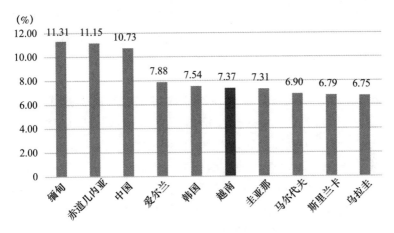

图 4 - 3　1985—2020 年人均 GDP 年均增速前十位国家

资料来源：世界银行数据库。

在吸引外资方面，越南表现更为出色。在实施革新开放前，越南外国直接投资净流入量长期处于 0.5 亿美元以下的规模，这也反映了外国资本对当时的越南市场不感兴趣。自 1986 年革新开放后，越南的营商环境得到明显改善，主要来自日本、新加坡、韩国的投资者纷纷进入越南投资。由此，越南外国直接投资净流入量迅速增长，从 1986 年的 0.0004 亿美元增长至 2020 年的 158 亿美元（见图 4 - 4），年均增速高达 71.1%，整体增长幅度更是达到了约 40万倍。可见，实施革新开放的正确战略选择令越南的外国直接投资创造了令人瞩目的"增长奇迹"。

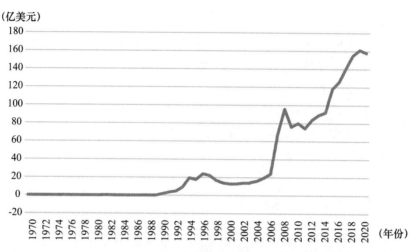

（亿美元）

图 4 - 4　1970—2020 年越南外国直接投资净流入情况
资料来源：世界银行数据库。

　　近年来，越南经济发展仍在不断取得重大突破。根据越南政府关于 2016—2020 年 5 年社会经济增长报告显示，2016—2019 年经济增长率平均每年为 6.8%。2020 年尽管受新冠肺炎疫情的严重影响，增长率仍达 2.91%，使越南成为地区和全球经济增长最快的国家之一。越南的经济结构在过去 5 年中发生了重大变化，私营企业逐渐成为推动经济增长的动力，贡献了 GDP 的 40%。越南在 2019 年世界最佳经济体排名中位列第 8，与 2018 年相比上升了 15 位，其竞争力在世界经济论坛（World Economic Forum）的 141 个国家和地区中位列第 67，较 2018 年上升 10 位。世界银行指出，2010—2020 年，越南的人力资本指数从 0.66 提高到 0.69，持续高于收入水平相同国家的平均水平。根据国际货币基金组织（IMF）的数据，2020 年越南成为东盟第四大经济体。

　　（二）生态环境恶化

　　革新开放以来，高速经济增长加大了越南对自然资源的需求，导致自然资源开发无度、工业排放过量等生态环境破坏行为频频发生。越南国家经济大学经济与环境学院副院长称，越南环境污染每年造成国家 GDP 损失达 5%，而且该比例还在上升。[①]

在自然资源开发方面，越南的海洋生态资源成为环境破坏的"重灾区"。据数据统计[②]，越南实施革新开放后，全国森林覆盖面积呈现明显的下降趋势，每年损失森林面积约 200 平方千米。以2016 年越南九龙江平原大规模海水倒灌事件为例，正因为森林资源的过度开发，导致海水倒灌进入九龙江平原，致使当地的农业用地盐碱度严重失衡，农作物大量减产，损失金额估计超过 2 亿美元。与此同时，由于海洋渔业技术老旧，渔业从业者仍采用"炸鱼""毒鱼"等方式进行捕捞，导致海藻、珊瑚等大量海洋资源遭受严重破坏。

在大气污染方面，越南工业废气污染情况十分严重。生产设备老旧、废气处理装置应用尚未普及以及工业废气偷排、乱排等种种乱象，不断加剧越南的空气污染程度。通过瑞士空气净化巨头 IQAir公司的统计结果发现，2018—2021 年越南 PM2.5 浓度平均值高达29.93 毫克/立方米，超出世界卫生组织指导值 5 倍以上。在全球117 个国家或地区的 PM2.5 浓度排名中位列第 36，其空气污染的严重程度在全球属于中上水平。

值得注意的是，碳排放强度的高速增长将进一步加剧越南空气污染状况。根据世界银行数据显示，越南人均碳排放量从 1990 年的 0.27 吨增长至 2018 年的 2.70 吨，增长幅度近十倍，年均增速高达 8.56%，位列全球第三，为全球同期增速水平（0.49%）的17.5 倍（见图 4 - 5）。

三　起飞经济体的生态质量与经济增长矛盾分析

尽管印度、越南等起飞经济体造成生态环境破坏的原因不尽相同，但这类国家经济增长与生态质量冲突的特征表现却是高度相似的，即经济快速增长伴随着生态环境的破坏，这一矛盾冲突长期无法得到有效解决。

---

① 吕余生、农立夫：《越南国情报告》，社会科学文献出版社 2011 年版。
② 黎氏娥：《越南革新开放以来的生态问题研究》，硕士学位论文，东北财经大学，2017 年。

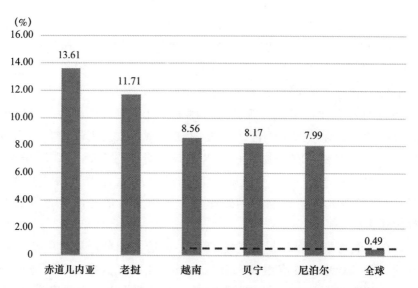

图 4-5   1990—2018 年全球人均碳排放量年均增速前五位国家
资料来源：世界银行数据库。

（一）起飞经济体经济增长与生态质量矛盾的主要原因

在印度，生态污染不断恶化的原因是长期以来追求工业经济发展过程中对环境问题的认识不足和经济发展的副作用。自 1991 年拉奥政府全面实施经济改革后，工业在印度经济建设中的比重不断提升，如图 4-6 所示，1960—1990 年，印度工业增加值占 GDP 的比重均值仅为 23.83%。得益于印度大力发展工业经济，取消了曾经禁止私有资本投资国家基础设施建设的规定，支持私有资本加入基础设施的建设中，印度的工业经济占比也得到了显著提升，至 2006 年，印度工业增加值比重首次突破 30%，在此后的 5 年时间里，该项指标稳定在 30% 以上水平，虽在 2012 年后有所回落，但也基本保持在 25% 以上。值得注意的是，印度的工业建设多为粗放型发展方式，因此对国家的生态环境产生了众多的副作用。2016 年 5 月 23 日，绿色和平印度发布的一份报告《视线——煤炭燃烧如何推进了印度的空气污染危机》，揭示了煤炭是印度最大的被忽视的空气污染源，并且确定印度的空气污染排放热点与该地区的火力发电厂有明显的联系。

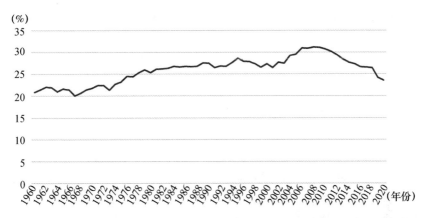

图 4 - 6　1960—2020 年印度工业增加值占 GDP 的比重情况
资料来源：世界银行数据库。

在越南，革新开放过程中所实施的吸引外资优惠政策是国外高污染、高排放的落后产能大量涌入的最主要原因。特别是在亚洲金融危机以后，面对外资大幅减少的形势，越南政府出台大量优惠政策引进外资。例如，简化外资审批手续，出台投资保护措施保障外商在越南的投资；把土地使用期限由 20 年延长至 50—70 年等。越南是发展中国家，大力发展经济和提高国民收入是其主要任务，加之引入发达国家的落后产能确实能够为越南带来经济快速增长，因此，越南为了加快发展的速度而放弃了对生态环境保护的严格要求。针对落后产能大量涌入的问题，越南政府即便认识到外国投资者正在对越南的生态环境造成严重破坏，却依然不采取严格措施以保护生态环境。较多地方政府以及相关部门的引进目标仍聚焦于可带来经济收益、就业高增长的外资企业，对高污染、高排放等环境污染问题熟视无睹，对外国投资者的投资项目、投资领域以及对环境的污染状况缺乏严格监控和管理，进而导致越南成为发达国家衰退产业、污染密集产业的"庇护所"。根据越南统计局数据，越南近八成的工业区违反环保法律法规。违规超标排污的企业中，外商投资企业占比达 60%。外商投资项目集中在服装纺织品、钢铁和造纸业，引发了大量的环境污染。

（二）起飞经济体生态质量与经济增长矛盾的特征表现

随着人均 GDP 的快速增长，印度、越南的人均碳排放或单位

GDP 能耗处于持续上升的态势，生态环境破坏程度愈加严重，即表明这些国家仍处于环境库兹涅茨曲线的左侧。经济的快速发展加剧了生态环境的破坏，生态质量与经济增长冲突的表现在起飞经济体中呈现高度相似的特点。这些起飞经济体并没有实现在经济高速增长的同时兼顾生态文明建设，而是以牺牲生态环境为代价换取经济的增长，或高度依赖于对自然资源的过度索取。

在印度，如图 4-7 所示，在经济改革的推动作用下，印度人均GDP 虽从 1990 年的 367.56 美元增长至 2018 年的 1996.92 美元，实现了约 5.4 倍的大幅增长，但与此同时，该国的人均碳排放量亦从 0.644 吨/人增长至 1.800 吨/人，增长倍数约为 2.8。

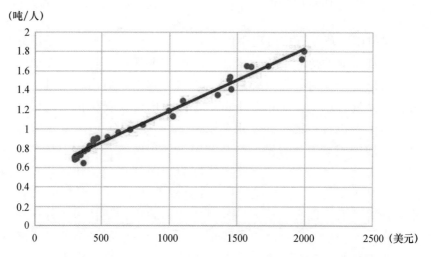

图 4-7　1990—2018 年印度人均 GDP 与人均碳排放量趋势
资料来源：世界银行数据库。

在越南，在追求经济快速增长的过程中忽略了对生态环境的保护，导致该国的经济增长与生态质量两者间产生了激烈的矛盾。如图 4-8 所示，在外资大量涌入从而促进经济快速增长的作用下，越南人均 GDP 虽从 1990 年的 95.19 美元增长至 2018 年的 2566.45 美元，实现了约 27 倍的大幅增长，但需要注意的是，该国的人均碳排放量亦从 0.27 吨/人增长至 2.70 吨/人，增长倍数为 10。

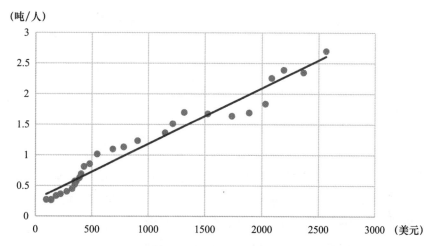

图 4 - 8 1990—2018 年越南人均 GDP 与人均碳排放量趋势

资料来源：世界银行数据库。

第二节 中等收入陷阱经济体的生态质量 与经济增长协调困境

本节以"亚洲四小虎"的泰国、"金砖四国"的巴西、"彩虹之国"的南非为代表的受中等收入陷阱困扰的国家为研究对象，通过发展事实例证、数据呈现、案例剖析等方式，分析发展中国家经济社会发展与生态环境发展的互动关联过程。随着人口增长和消费增加，一个国家或地区的能源消耗量将呈不断增长态势，同时也会给生态环境带来更大的压力，造成更严重的环境污染恶化问题，使得节能减排、降碳的压力更大。对此，发展中国家努力调整经济发展策略，加强环境规制和管理，取得了一定的成效，但由于经济发展基础差、技术水平有限、资源环境条件不佳等因素限制，使得经济发展与生态约束之间的矛盾未能得到有效解决。这些中等收入陷阱经济体的发展经验，诠释了即使国家在经济发展方面实现中等收入偏上水平，若无法在保持经济增长的同时兼顾生态环境问题，也不能成功协调生态质量与经济增长的冲突，将长期受生态环境问题限制，始终徘徊在中等收入发展水平的困境中。希望这些中等收入陷阱经济体的经历能够给起飞经济体提供风险警示：若起飞经济体未能在经济快速增长阶段很好地化解发展与生态之间的矛盾，未来将面临因生态环境问题的桎梏而迟迟未能实现向高收入水平国家转变的窘迫状态。

一　泰国

泰国位于东南亚的热带地区，是东南亚第二大经济体。与大多数发展中国家一样，泰国原是一个以单一种植经济为主的落后的农业国，存在着劳动力过剩、生产效率低下、潜在失业率高等问题。自 20 世纪 80 年代以来，泰国从实现工业化入手，通过发展工业尤其是制造业带动经济高速增长，大量引进外资，扩大进出口贸易，提高国民收入，逐步转变为一个新兴工业化国家。1996 年泰国被列为中等收入国家，但时隔 20 多年后，2020 年泰国的人均 GDP 仍然只有 6198 美元，多年来一直在中等收入陷阱中挣扎徘徊。

（一）泰国自然资源禀赋优良

泰国位于中南半岛中部，面积 51.4 万平方千米，人口 6980 万人，是君主立宪制国家。泰国具有得天独厚的自然资源禀赋，20 世纪 80 年代以来，发现了 15 个油气田，约 3660 亿立方米天然气储量，约 2559 万吨石油总储量；15 亿多吨煤炭储量，以褐煤、烟煤为主，主要分布在清迈、南奔、达、帕和程逸府一带；金属矿资源种类多，储量高，主要包括锡、钨、锑、铅、锰、铁、锌、铜、钼、镍、铬、铀、钍等，其中，约 150 万吨锡矿，约占世界总储量的 12%，储量占比居世界第一。此外，泰国的生物资源相当丰富，有 30 多万种植物，包括榕树、露兜树、樟木、柚木、铁树等珍贵林木，合计 1440 万公顷，森林覆盖率达 25%。

（二）泰国经济长期徘徊于中等收入水平

泰国从 20 世纪 50 年代开始实施工业化计划。在 20 世纪 80 年代，全球化的大潮开始全面冲击东南亚地区，在此期间，泰国积极调整经济政策，大力发展外贸经济，抓住了历史机遇，实现了人均

GDP 的快速增长，迅速从一个落后的农业国转型成为亚洲地区最发达的工业国之一，成功跻身于崛起的"亚洲四小虎"之一。但 1997年亚洲金融危机，使得外向型的泰国经济发展受到重挫，各种经济社会问题集中爆发，持续多年的高速增长因此戛然而止，1998 年人均 GDP 跌至 3292 美元。此后，泰国进行了一系列的政策调整，包括 IMF 反危机、他信政府改革等，使得泰国经济逐步恢复增长，人均 GDP 再次呈现增长态势，但经济增长速度变缓，人均 GDP 常年在世界银行所划定的中等收入线边缘徘徊，这种现象一直持续到现在，2020 年泰国人均 GDP 为 6198 美元，较 2019 年出现负增长（见图 4 - 9）。

（美元，2015年不变价）

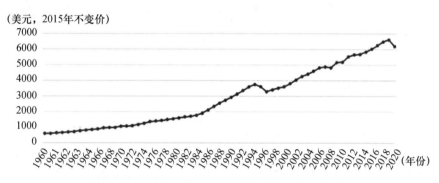

图 4 - 9　泰国 1960—2020 年人均 GDP 变化
资料来源：世界银行数据库。

泰国丰富的自然资源为农业生产奠定了重要的基础，尽管农业增加值占 GDP 的比重持续下降，从 1961 年的 35.8% 下降至2018 年的 8.2%，但谷类产量在技术进步的推动下增量明显（见图 4 - 10）。目前，有稻米、玉米等谷物，木薯、绿豆、咖啡豆、棕油、麻、甘蔗、椰子果、橡胶等热带农作物。其中，橡胶的年产量达 210 万吨，居世界橡胶产量国首位，约占世界总产量的1/3，绝大部分都用于出口。同时，泰国也是亚洲第三大渔业国、世界第一大产虾大国，每年出口的冻虾超过 20 万吨，约占全球总产量的 32%。

随着经济的快速增长、技术水平的不断提升，泰国城镇化率从1961 年的 19.8% 逐步提升至 2020 年的 51.4%。与此同时，妇女生

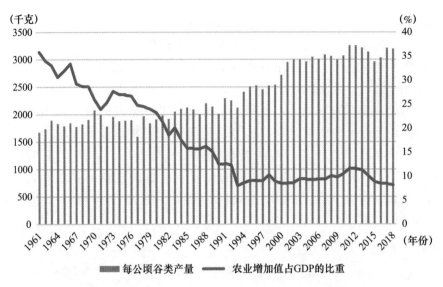

图4-10　泰国1961—2018年谷类产量和农业增加值占比变化

资料来源：世界银行数据库。

育率和人口出生率都出现了大幅度的下降，人口增长速度持续放缓，从2010年起人口增长率降到0.5%以下，至2020年泰国总人口为6980万人，比上年增长了0.25%。并且，泰国65岁及以上人口占比达13%，已步入老龄化社会（世界老龄化标准为一个国家或地区65岁及以上人口占比达7%以上）。据世界银行调查报告显示，过去约30年间，泰国贫困率从65%降至10%。但在2015—2018年，经历两次轻微回弹，贫困率从7.21%上升到9.85%，贫困人口数量从485万人增至670万人，使泰国成为自2000年以来东盟地区唯——个贫困率不降反升的国家（见图4-11）。据泰国国民经济社会发展委员会披露的2019年贫困报告显示，得益于经济增长与政府扩大低收入者援助措施，贫困率下降至6.24%，贫困人口减少至430万人。然而，由于疫情冲击等因素影响，2020年开始泰国失业率明显上升，贫困人口也再次明显增长。据世界银行报告分析，泰国经济不稳定及面临的环境挑战、疫情冲击是导致其贫困率上升的主要因素，过去几年泰国经济增长率相对东亚和太平洋地区其他大型经济体呈现较低走势，持续干旱也对原本就在贫困线上挣扎的人群造成极大影响。

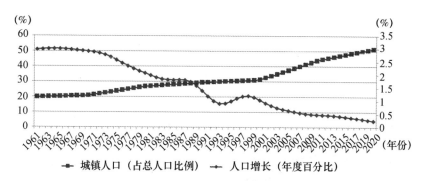

图 4 – 11　泰国 1961—2020 年城镇化和人口增长变化

资料来源：世界银行数据库。

（三）泰国资源环境面临挑战

能源消耗总量增长速度快。泰国的能源消耗量在经济增长过程中不断快速增长。2014 年泰国耗电量为人均 2538.8 千瓦时，能源消耗量为人均 1969 千克石油当量。20 世纪 70 年代以来，泰国耗电量明显增长，从 1971 年到 2014 年增长了 20 倍。能源消耗量也不断增加，从 1971 年到 2014 年增长了 4.5 倍（见图 4 – 12）。随着泰国工业化进展的加快，泰国单位 GDP 能耗自 1993 年开始逐年下降，从 1993 年的 9.96 千克石油当量下降到 2014 年的 8.05 千克石油当量。近几年，泰国努力调整能源结构，但煤炭、石油、天然气等化

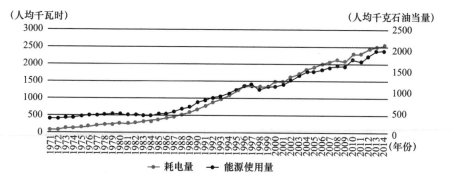

图 4 – 12　泰国 1971—2014 年耗电量和能源消耗量变化

资料来源：世界银行数据库。

石能源仍是主要的供应能源，可替代能源和核能的占比在波动中有
所下降，2014 年下降至 1.1%。这也是单位 GDP 能耗虽有所下降但
降幅不大的原因之一（见图 4-13）。

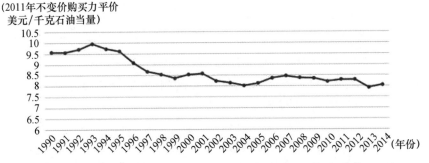

(2011年不变价购买力平价
美元/千克石油当量)

图 4-13   泰国 1990—2014 年 GDP 单位能源消耗变化

资料来源：世界银行数据库。

空气污染影响居民健康。泰国不少城市的空气质量状况差，空
气污染主要来源于工厂、能源部门、运输部门、农业废物、生物燃
烧等，导致了居民呼吸疾病数量增长明显，给人民生活健康和国家
旅游经济等方面造成了严重危害。泰国二氧化碳排放强度 1971 年
为 1.4 千克/石油当量能源使用千克数，1995 年增长至 2.5 千克/石
油当量能源使用千克数，2014 年下降至 1.9 千克/石油当量能源使
用千克数，这与泰国工业化进程中可替代能源和核能使用变动情况
有一定关联。自 20 世纪 90 年代开始，泰国人均二氧化碳排放量增
长明显，2018 年人均碳排放量为 3.7 吨（见图 4-14）。

水质污染影响后果严重。泰国的降水量较为丰富，年均降水量
为 1560 毫米，能够促进地表水和地下水的循环。泰国有数量众多
的河流，有 20 座大型水坝在运行，但仍存在着水污染及较严重的用
水短缺问题，水污染主要由家庭排水和工厂排水造成。以昭披耶河
和湄公河为例，作为泰国的主要河流，它们是中央平原地区农业用
水的主要来源，也是当地市民生活用水的关键水域。由于城市的快
速开发和人口大量集聚，使得昭披耶河和湄公河的水质受到污染，
尤其是河口附近因工厂排水、生活排水较多，使得水质污浊相当严

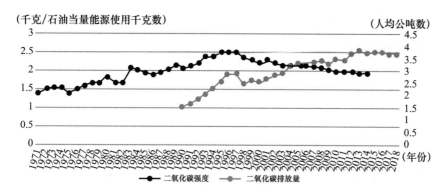

图 4 - 14　泰国 1971—2018 年二氧化碳排放情况变化

资料来源：世界银行数据库。

重。从昭披耶河和湄公河流入海岸的鱼类，如乌贼、章鱼等，被检测出含高浓度的镉、水银等重金属物质。在洛坤、北大年湾等地区，还发生过海洋生物砒霜中毒、铅污染等水污染事件。

海洋生态环境遭受严重破坏。泰国的海域和沙滩因美丽受到游客青睐，每年都吸引着大量国内外游客，但旅游业的发展带来了大量的海洋垃圾和海洋污染。旅游业每年产生约 50 吨的海洋垃圾，是渔民作业产量的 3 倍，而这 50 吨垃圾中只有不到 2 吨得到清理。海洋资源遭遇自然和人为造成的大危机，泰国红树林逐渐消失，仅剩 152 万亩的红树林，珍稀海洋生物濒临灭绝，受胁鱼类有 106 种（2018 年），128856 亩珊瑚礁被海洋垃圾侵害，仅剩 10%—20%。

生物多样性面临挑战。泰国动植物资源丰富。据统计，泰国 1997 年有 11000 多种高植株植物；2002 年有 938 种鸟类、292 种哺乳动物以及种类繁多的海洋生物。近年来，由于泰国经济发展，自然资源被过度利用，而有经验的管理人员数量不足，法律法规尚不够健全，执法能力有待提升，使得濒危植物、鸟类、哺乳动物和海洋生物的数量在不断增长，生物多样性受到威胁。2018 年，泰国受胁鸟类有 62 种，受胁鱼类有 102 种。

有害废物处理不当。随着工业化的进展，泰国的工业废物，尤其是有害工业废物的产生量迅速增加，这些有害工业废物不仅具有可燃性、爆炸性、腐蚀性，还具有高反应活性和毒性，并且没有得到专业的妥善处理，导致泰国工业废物污染，尤其是重金属污染异常严重。另外，泰国限制和管理工业废物的法律仍不完善，导致电子垃圾大规模进口，据泰国工厂厅资料显示，2017 年泰国进口 5.3 万吨电子废物、15 万吨塑胶废料；2018 年进口 3.7 万吨电子废物、11 万吨塑胶废料，已成为世界上进口电子垃圾总量最高的国家之一。

二　巴西

巴西是拉丁美洲最大的国家，面积位居世界第五，是"金砖国家"之一。1882 年独立以后，在很长一段时间内，巴西是一个传统的农业经济国家，以种植咖啡、橡胶为主。从 20 世纪 30 年代开始，巴西逐步发展成为新兴工业化国家，在 20 世纪 60—70 年代，巴西经济增长非常迅速，创造了前所未有的增长奇迹。但之后，巴西经济开始衰退，进入了长期停滞状态。在此过程中，由于森林砍伐、能源消耗的加快，巴西的生态环境也遭受了巨大创伤。

（一）巴西资源优势明显

巴西国土总面积为 854.74 万平方千米，东濒大西洋，西部与秘鲁、玻利维亚相邻，南部与巴拉圭、阿根廷和乌拉圭相邻，北部与圭亚那、苏里南、委内瑞拉、哥伦比亚相邻，大部分国土位于热带地区，最南端属亚热带气候。巴西的地形主要是高原与平原，包括亚马孙平原、巴拉圭盆地、巴西高原、圭亚那高原，其中，亚马孙平原面积最大，约占全国面积的 1/3。

巴西境内主要有三大河系，包括亚马孙、巴拉那和圣弗朗西斯科，尤其是在北部平原地区，拥有数量众多、长度较长、水量相当大的河流。巴西拥有 7400 多千米的海岸线、12 海里的领海宽度、188 海里的领海外专属经济区。巴西拥有世界上流量最大的亚马孙河，其向大西洋排放的水量达每秒 18.4 万立方米，比尼罗河、密西西比河和长江三条大河的流量总和更大，相当于全球所有河流向海洋排放淡水总量的 20%。而且，亚马孙河口 150 千米以外的海水的含盐量相当低，沿亚马孙河两岸森林特别浓密，形成一道难以穿越的地带，森林中适用于建筑和木器的良材很多，辽阔的热带草原也是发展农牧业的好地方。

巴西矿产、土地、水力和森林资源十分丰富。巴西拥有 333 亿吨的铁矿砂储量，占世界总储量的 9.8%，居世界第 5 位，产量和出口量均位居世界前列；拥有 29 种丰富的矿物储量，尤其是镍储量相当大，占世界总储量的 98%；拥有多种金属储量，包括锰、铝矾土、铅、锡等，约占世界总储量的 10% 以上；拥有 455.9 万吨铌矿储量、101 亿吨煤矿储量以及较丰富的铬矿、黄金矿和石棉矿等。从 2007 年开始，巴西陆续发现了不少大油气田，主要分布在东南沿海地带，预计超过 500 亿桶石油储量，使得巴西在 2019 年成为世界十大石油生产国之一。森林覆盖率高达 62%，拥有 658 亿立方米的木材储量，约占世界总储量的 20%。水力资源相当丰富，水力蕴藏量达 1.43 亿千瓦/年，拥有世界 18% 的淡水，人均淡水拥有量约 29000 立方米。巴西的森林资源丰富，拥有的热带雨林面积居世界首位，生物多样性较高，拥有多品种的鸟类和蝴蝶等，热带森林物种的丰富程度远超其他大陆。

（二）巴西经济实力居拉美首位

巴西是经济发展较快的国家，经济实力居拉美首位。20 世纪 70 年代，巴西经济社会快速发展，经济增速之高前所未有，被誉为"巴西奇迹"，开始步入中等收入国家行列；80 年代，由于高通胀、高债务等因素影响，巴西经济开始衰退，陷入长期停滞状态；90 年代，推行外向型经济模式，经济重拾增势，但受亚洲金融危机影响，经济增速再次放缓。进入 21 世纪以后，巴西为了改善经济社会状况，采取了一系列积极的政策措施，逐步走上稳定发展道路，在 2010 年成为世界第七大经济体。在那之后，受国际经济复苏乏力、国内经济结构性问题等因素共同影响，巴西经济开始逐步放缓，再次陷入衰退期，深陷"中等收入陷阱"泥潭（见图 4-15）。

巴西农牧业发达。约有 1.52 亿公顷可耕地面积、1.77 亿公顷牧场，蔗糖生产和出口量位居世界第一，大豆生产和出口量位居世界第二，玉米生产和出口量分别位居世界第三和第五，牛肉、鸡肉出口量也均位居世界第一。

巴西工业实力和工艺均居拉美首位。20 世纪 70 年代，巴西建成较为完备的工业体系，具备了相当雄厚的工业基础和相对齐全的

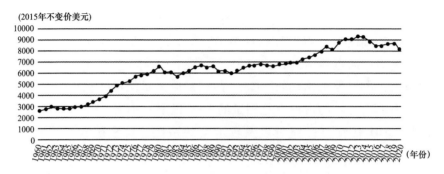

图 4 - 15   巴西 1960—2020 年人均 GDP 变化
资料来源：世界银行数据库。

工业门类，其中，石化、矿业、钢铁、汽车工业等较发达，民用支
线飞机制造业居世界领先水平，生物燃料产业在国际上具有影响
力。20 世纪 90 年代中期以来，产业结构发生调整变化，制鞋、服
装、皮革、纺织和机械工业等逐渐萎缩，药品、食品、塑料、电
器、通信设备及交通器材生产均实现较快的增长。

巴西服务业产值占国内生产总值近六成，金融业较发达。巴西
财政收支长期赤字，还承担了巨额债务，为改善财政状况，政府从
1999 年起增加初级财政盈余。巴西的信贷市场掌握在五大银行手
中，占据了市场上超过 80% 的信贷业务，贷款成本较为高昂。但巴
西的互联网金融发展较为迅速，具有前景广阔的信贷市场。而且，
巴西调整改变外贸策略，实行开放政策，不再采取以前以高额关税
限制进口的政策，而是通过出口补贴鼓励出口为主，提升产品出品
竞争力和市场占有率。

（三）巴西环境问题令人担忧

巴西是全球植物种群和动物种群多样化程度最高的国家，拥有
全球大约 13% 的已知物种。然而，由于人口增长、农业迁徙发展、
国内外木材需求激增等因素，造成热带雨林大面积减少、生态植被
遭受破坏，导致水土流失加剧、生物多样性减少、气候异常情况增
多、很多地区遭受洪水灾害。尽管巴西已经采取了较多的环境友好
型政策，但并未有效解决发展过程中出现的诸多环境问题，环境污
染现象依然突出，环境问题仍然饱受担忧。

巴西能源消耗增长明显。在推动国家经济增长的过程中，巴西的能源消耗增长较为迅速。据世界银行统计数据显示，巴西单位GDP能耗呈现波动状态，由1990年的11.18千克石油当量下降至1999年的10.4千克石油当量，然后随着巴西能源结构的不断调整，单位GDP能耗不断变化，2009年增长至11.26千克石油当量，之后，能源消耗水平再次呈下降趋势（见图4-16）。巴西不断调整能源结构，1971—1990年可替代能源和核能使用量明显增加，占能源使用总量的比例增长迅速，至1990年达12.41%。1991—2011年基本保持在相当水平，在2009年达到最高比例13.8%。然而，煤炭、石油、天然气等化石能源仍是经济发展的主要消耗能源，在能源消耗中仍占据不可替代的地位，从2012年开始可替代能源和核能占比在下降。而且，人均耗电量和人均能源使用量强度在逐年增加，1971—2014年人均耗电量和人均能源使用量分别从460千瓦时、716千克石油当量增加至2620千瓦时、1496千克石油当量，分别增长了470%、109%。随着经济社会的不断发展，其人均耗电量和能源使用量仍将持续不断增加（见图4-17）。

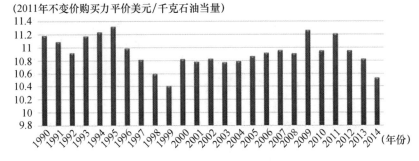

（2011年不变价购买力平价美元/千克石油当量）

图4-16 巴西1990—2014年单位GDP能源消耗变化

资料来源：世界银行数据库。

碳排放量增长显著。随着国家工业化发展不断推进，巴西能源消耗量明显增加，相应地，碳排放量增长明显。2014年二氧化碳排放量为5.07亿吨，随后年份略有下降，至2018年达4.27亿吨。人均二氧化碳排放量也明显增长，从1990年的人均1.3吨增长至

2014 年的人均 2.5 吨，随后年份略有下降（见图 4-18）。据世界
资源研究所（WRI）的统计资料显示，1990—2018 年，全球二氧化
碳排放量最多的国家和地区分别为美国、欧盟、中国、俄罗斯、巴
西等（见图 4-19）。

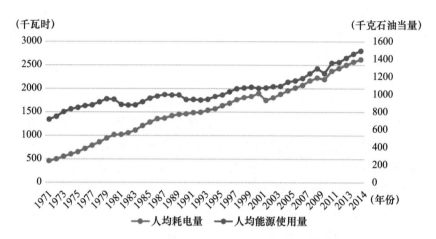

图 4-17　巴西 1971—2014 年耗电量和能源使用量变化

资料来源：世界银行数据库。

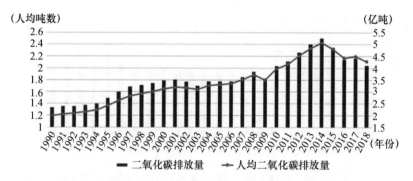

图 4-18　巴西 1990—2018 年二氧化碳排放量变化

资料来源：世界银行数据库。

森林砍伐率较高。巴西曾有世界上最高的森林砍伐率，牧场主
为了获得更多播种和放牧空间，不惜砍伐森林，清除雨林。自 1970
年以来，大量的森林和雨林消失，仅亚马孙雨林就有超过 60 万平方
千米被毁，导致污染问题更为严峻、生物多样性损失严重、温室气体

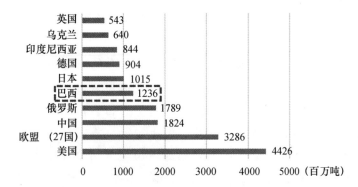

图 4 - 19 二氧化碳排放前十位的国家和地区 (1990 年)

资料来源: 世界资源研究所统计数据库。

排放增加。2000—2010 年, 亚马孙雨林森林砍伐率上升超过 127%, 随后, 由于全球市场的大豆和木材需求激增, 使得牧场主变本加厉地破坏亚马孙热带雨林。如图 4 - 20 所示, 巴西森林面积及其占比逐年下降, 分别从 1990 年的 588.9 万平方千米和 70% 下降至 2019 年的 497.8 万平方千米和 59.4%。而且, 大量的森林砍伐仍在继续, 据巴西国家空间研究所 (Inpe) 发布的数据显示, 2020 年 8 月—2021 年 7 月, 亚马孙地区森林砍伐面积累计为 8712 平方千米。

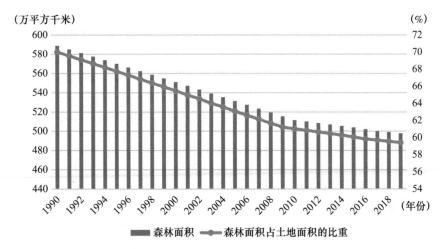

图 4 - 20 巴西森林面积占国土面积的比例变化

资料来源: 世界银行数据库。

空气和工业污染较严重。巴西城市化水平的提高、人口的集聚、汽车数量的增长和使用对空气质量造成了负面影响。不同于其他国家以石油或天然气为主要能源，巴西 40% 的车辆使用合成乙醇燃料，导致大气中的乙醛、乙醇和氮氧化物浓度较高。而且，巴西许多工业行业在完全没有环境规制的状况下进行生产，吸引了大量污染密集型行业集聚发展，如冶金、造纸、纤维素和鞋类等出口相关产业，导致了严重的空气污染。巴西城市空气污染在很大程度上危害了居民的身体健康。据调查显示，在贝洛奥里藏特、库里提巴、福塔雷萨、阿雷格里港、里约热内卢、圣保罗和维多利亚等城市，1998—2005 年，空气污染导致了 5% 的 5 岁以下儿童和 65 岁及以上老人的死亡。据 AQI 指数数据可知，里约热内卢、圣保罗的空气质量都相当糟糕。库巴坦因接近桑托斯港而被指定为工业园区，在该地区工业设施相当多，包括巴西国家石油公司的炼油厂、圣保罗钢铁公司的钢铁厂等，但大多数工业设施并未采取环境控制措施，导致大量污染物直接排放，当地的环境污染破坏严重，甚至出现了婴儿先天性缺陷等健康问题，被称为"死亡之谷"和"地球上污染最严重的地方"。

废物管理与回收困难。2018 年，巴西的人口增长率为 0.78%，废物管理的主要挑战不再是人口的爆炸式增长，而是来源于政府的不重视、专项资金的缺乏、立法的不完善、执法的不严格等。为解决废物管理问题，联邦政府部门、私营部门以及市场主体都在探寻有效的解决途径，并加强了与国际环保组织的协作，如在联合国环境规划署（UNEP）项目框架下的探索合作模式。目前，在巴西南部和东南部地区，废物回收利用的问题较为突出，这些地区尝试了多种方法对纸张、金属和玻璃进行分类、回收利用。根据市政固体废物综合管理部门的数据显示，巴西的固体废物主要包括有机物、纸、金属、玻璃和塑料，分别占比为 65%、25%、4%、3% 和 3%。在 405 个自治市中，有机物、纸、金属、玻璃和塑料废物的分类主要通过上门服务、收集点和街道垃圾拾荒者三种途径进行回收。

濒危物种种类、数量多。巴西的热带雨林面积大，生物多样性丰富，但由于大量的森林砍伐和快速的工业化污染，导致其濒危物种数量明显增加，拥有全球6%以上的濒危物种。根据国家地理与统计研究所（IBGE）调查显示，2014年，巴西的爱斯基摩杓鹬、马氏树猎雀等10个物种已经灭绝，剃刀嘴凤冠雉已野生灭绝。此外，濒临灭绝动植物有3299种，约相当于所评估物种总数的1/5。其中，大西洋森林受威胁物种最多，塞拉多草原其次，然后是卡廷加生物群落和潘帕斯群落。

三　南非

南非位于非洲大陆南端，有"彩虹之国"的美誉，人口5200多万，是非洲第二大经济体。国土面积122万平方千米，大部分为半干旱区，全年平均日照时数为7.5—9.5小时，尤以4—5月日照最长，西北部为卡拉哈迪沙漠，也有小面积的湿润区，在复杂多变的气候条件下，分布着十分丰富的土壤和动植物资源。

（一）南非自然资源丰裕

南非基础设施良好，资源丰富，拥有得天独厚的自然资源条件，是世界五大矿产国之一，经济开放程度较高。在地形地貌方面，南非地处非洲高原南端，南、东、西三面边缘地区为沿海低地，北面则有重山环抱。南非北部内陆区属卡拉哈迪沙漠，海拔约650—1250米，大多是灌丛草地或干旱沙漠。南非最高点海拔3482米，为东部大陡崖的塔巴纳山。

南非大部分地区属热带草原气候，由于德拉肯斯堡山脉阻挡了印度洋的潮湿气流，越往西部地区去，天气越发干燥，大陆性气候越显著。夏季降水量多，主要集中在东部地区，东部沿海年降水量1200毫米，全年降水由东向西从1000毫米降至60毫米。南部沿海及德拉肯斯堡山脉属海洋性气候，能全年获得降水，湿度大。西南部厄加勒斯角一带冬季吹西南风，带来400—600毫米的雨量，占全年降水的4/5，大部分地区的草原一片枯黄。南非年均温度一般在12—23摄氏度，温差不大，但由于本格拉寒流流经西部海岸，莫桑比克暖流流经东部海岸，使得气温在经度上差异明显。在冬季，内陆高原气温低，霜冻十分普遍。南非日照时间长，故以"太阳之国"著称。

南非境内主要有奥兰治河（The Orange River）和林波波河（The Limpopo River）两条河流。其中，奥兰治河全长 2160 千米，自东向西流入大西洋，流域面积约 95 万平方千米；林波波河全长 1680 千米，主要流经博茨瓦纳、津巴布韦边界并经莫桑比克汇入印度洋，流域面积 38.5 万平方千米。其他小河流主要切过"大断崖"注入印度洋，少数向西流入大西洋，如自由州与北方四省交界的法尔河（The Vaal）、东开普省的森迪斯河（The Sundays）和大鱼河（The Great Fish）、夸纳省的图盖拉河（The Tugela）、北方省的莱塔巴河（The Letaba）、西开普省的奥利凡茨河（The Olifants）、自由州省东部的卡利登河（The Caledon）等。此外，地下水是南非许多地区全年供水的唯一可靠来源，地下水量为 2 亿立方米/年。

南非以丰富的矿物资源驰名世界。南非境内已探明 70 余种矿物，储量和生产量都位列世界前列，其中黄金储量占全球的 60%，蛭石、锆、钛、氟石储量居世界第二位，磷酸盐、锑储量居全球第四位，铀、铅储量居世界第五位，煤、锌储量居世界第八位，铁矿石储量居全球第九位，铜储量居全球第十四位，钻石、石棉、铜、钒、铀以及煤、铁、钛、云母、铅的蕴藏量也极为丰富。

（二）南非经济增长陷入停滞

丰富的资源、廉价的劳动力、先进的管理，使南非成为非洲经济最发达的国家之一，属于中等收入的发展中国家，人均生活水平在非洲名列前茅。南非经济的四大支柱产业为矿业、制造业、农业和服务业，深井采矿等技术居于世界领先地位。但是，南非城乡、黑白二元经济特征明显，国民经济各部门、各地区发展不平衡，经济中长期存在的产业结构不合理和失业率高等结构性问题，严重阻碍了南非向高收入国家迈进。20 世纪 80 年代初至 90 年代初，由于国际制裁等因素影响，南非经济增长受阻，出现明显衰退现象。1994 年南非大选后，经济有所恢复，年均增长 3%，2005—2007 年年均增速超过 5%。在 2008 年，由于国际金融危机的影响，经济增速降至 3.1%。因此，政府采取一系列经济激励措施，如下调利率、增加财政支出、降低税负、刺激投资、鼓励消费、加强社会保障等，以遏制经济下滑势头。2009 年开始，南非经济逐渐有所回升向好，制造业、建筑业、能源业和矿业发展成为南非工业四大部门，但经济增速并不高。从人均 GDP 来看，1960 年为 3839 美元，1981年达 5372 美元，然而到 2020 年，人均 GDP 仍仅为 5659 美元，且2014—2020 年，南非人均 GDP 增长率持续为负值，可见南非经济增长处于长期停滞（见图 4 - 21）。

(2015年不变价美元)

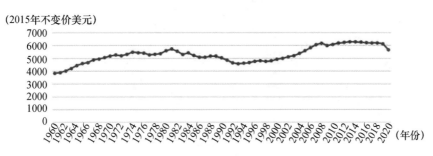

图 4 - 21　1960—2020 年南非人均 GDP 变化

资料来源：世界银行数据库。

南非农业在国民经济中所占比例较低。2008 年，南非可耕地约占土地面积的 13%，但其中适于耕种的高产土地仅占 22%，农业生产受气候变化影响明显，农业产值约占 GDP 的 3%。南非外贸出口收入中除了黄金出口收入以外，来自农产品或农产品加工的出口收入占 30%。畜牧业较发达，大多集中在西部地区，主要包括牛、绵羊、山羊、猪等牲畜，鸵鸟、肉鸡等家禽，禽蛋、牛肉、鲜奶、奶制品、羊肉、猪肉、绵羊毛等产品。南非所需肉类大部分能够自给，也从纳米比亚、博茨瓦纳、斯威士兰、澳大利亚、新西兰等国家进口一部分肉类产品，进口消费量占全部消费量的 15%。另外，南非的绵羊毛产量相当可观，绵羊毛出口量居世界第四位。

（三）南非环境问题十分突出

二氧化碳排放量稳步增长。南非的电力供应系统非常先进，丰富的煤炭资源支撑了电力工业的高速发展。由于南非的能源禀赋结构为富煤炭、少油气、缺水能，使得南非的能源结构长期以煤炭为主，2019 年煤炭占该国一次能源供应的比重高达 75%（见

图4–22）。煤炭的大量使用和消耗导致二氧化碳排放量增长明显，成为南非温室气体排放的主要来源，其他温室气体的排放量占温室气体排放总量的比重较小（见表4–3）。

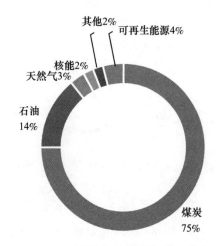

图4–22 2019年南非一次性能源供应结构

资料来源：世界资源研究所统计数据库。

表4–3 南非温室气体排放量情况

排放气体 （百万吨）	1990 年	2000 年	2010 年	2019 年
CO_2	253.94	290.99	431.70	446.19
CH_4	63.49	65.91	77.34	80.22
N_2O	19.21	19.91	19.84	18.61
F–Gas	1.80	4.05	11.79	17.15

资料来源：世界资源研究所统计数据库。

土壤退化与沙漠化严重。荒漠化是非洲国家面临的最严重的环境危机之一，南非沿海地区以砂质岩和被侵蚀的花岗岩为主，在地势较低处主要是页岩层；靠内陆的区域以页岩母质土和河流沉积土为主，土壤类型主要有花岗岩育成土、塔尔布山砂岩育成土、页岩育成土。由于南非草原沙漠多，使得可耕地面积少，只占全国土地

面积的 13%，甚至低于世界标准，且境内 2/3 以上的土地遭受土壤
退化和沙漠化，这主要是民众过度无序放牧、不合理地开垦荒坡以
及高效化肥使用率高等因素造成的。

　　森林及草地资源锐减。南非的林地大多分布在半干旱到半湿润
地区，在过去的几十年中，由于过度放牧、大量砍伐、森林火灾等
原因，导致森林面积、草地面积持续减少。森林和草地是典型的可
再生资源，如果管理得当，能够保护生物多样性，也能够做到可持
续利用。然而，由于可持续发展的文化和制度缺失、农业发展的迫
切需要以及国内外对珍稀林木和动物的追逐，导致南非森林面积每
年损失超过 320 万公顷（见图 4-23）。

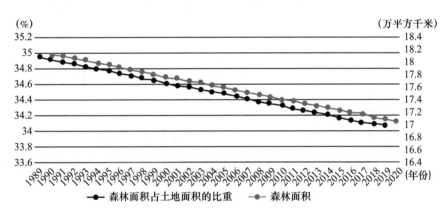

图 4-23　1989—2020 年南非森林面积变化

资料来源：世界银行数据库。

　　水资源严重匮乏。水资源匮乏和淡水质量差严重制约着非洲的
发展，南非也面临着水资源匮乏的问题，平均降雨量低于世界平均
水平，全国 2/3 以上的地区严重缺水。南非半数地区面临着周期性
的干旱灾害，只有开普半岛南部和西南部以及东南沿海山区的河流
全年有水，而西部广大内陆地区的河流只在雨季有水，在旱季几乎
无水，有的河流枯水期长达 6 个月。20 世纪 90 年代初以来，持续
的干旱导致南非农作物收成大幅度下降，比如 1992 年玉米产值仅
为往年的一半，粮食进口量明显增加。南非全年供水唯一可靠来源
是地下水，但高度发达的采矿业在带来经济繁荣的同时，也产生了

严重的水污染问题，对地下水的质量安全造成很大的威胁。

气候变化影响恶劣。全球变暖趋势愈加明显，南非中部地区上空已累积形成巨大的亚热带高压带，由于赤道附近升起的气流大量流入，使得这一高压带的强度正在不断增加，进而导致南非的气候发生变化。在冬季，这一高压带将其前面的冷空气不断向南方推进，使得开普地区的降雨量越来越少，长此以往，开普地区将不得不寻找更能适应干旱气候的农作物品种进行种植，其他地区的降雨量也将越来越少，目前所种植的农作物品种未来也可能面临被迫改变的局面。在夏季，这一高压带被打破并向东移动，使得自由省、姆普马兰加省以及其他夏季降雨地区的降雨量越来越少，影响南非东半部地区、中央地区的天气状况。异常的气候变化，会对地区天气状况和生态平衡造成干扰，导致部分地区发生强降雨事件，进而造成这些地区的水土流失、土壤侵蚀、土地退化。此外，气候变化会影响疟疾、裂谷热和血吸虫病等虫媒传染病的传播过程，危害当地居民的身体健康。

生物多样性减少。生物多样性是地球自然生命的根基，不仅提供新鲜空气、丰富食物、清洁水源，也能够在一定程度上净化自然、稳定气候，为人类生存发展提供一个美好的自然环境。虽然南非国土面积不大，仅占世界土地总面积的2%，但是境内拥有的动植物品种多，是世界上生物多样性最丰富的国家之一，海岸生物物种占全球的15%，植物物种占全球的10%，爬行动物、鸟类和哺乳动物物种占全球的7%。而且，南非是世界上重要的生物多样性基地，拥有多种濒危物种。然而，由于城市扩建、矿业开采等人类活动范围的扩张，以及森林、草原的退化等，野生动植物的生存空间正在不断被挤压，动植物的生存环境受到严重威胁。据世界银行统计数据，2018年南非受胁鸟类有54种、受胁鱼类有121种。

第五章 共同探索：跨越生态质量与 经济增长间鸿沟实践尝试

解铃还须系铃人。修复被破坏的地球生态环境，让人类社会发展回到正确的轨道上来，我们需要从自身的调整与改变做起。为此，在地球上生活的每一个人、每一个族群、每一个民族、每一个国家，都应该共同承担这个责任。印度、越南、泰国、巴西、南非等国家也都采取了诸多环境治理政策与措施，试图遏制环境污染的蔓延和恶化。

第一节 起飞经济体环境治理实践及其成效

一 印度环境治理的政策与措施

印度在经济起飞阶段中无法避免环境问题，且因生态环境的破坏对其经济发展产生了反噬作用，致使经济高速增长态势难以为继。鉴于此，印度采取了制定环境政策、完善环境立法、落实环境执法等主要手段进行环境治理。

（一）制定环境政策

在20世纪90年代前，印度始终把经济增长放在首要地位，并未意识到环境治理之重要性，在推动经济增长期间完全忽略了对生态环境的保护。自20世纪90年代拉奥政府当局进行全面经济改革后，政府才开始重视生态文明建设，在1992—1993年接连制定出台一系列环境保护政策及相关措施。其中，《环境行动计划》成为印度环境政策的核心，政策内容涵盖生态物种多样性、水资源清洁、有害废物管理、绿色低碳技术、城市环境治理、环境问题科研以及探索研究新能源七个方面，旨在对生态环境问题进行更全面、更科学、更规范的治理。

由于印度仍属于发展中国家，经济快速增长、人民生活更加富裕无可厚非是其长期追求的核心目标之一。因此，印度在制定相关环境政策时，也始终考虑经济增长问题，力求在经济增长与环境保护之间寻得一个均衡点。这一发展导向在印度"十五"计划中得以充分体现，该计划既涵盖解决贫困的经济促进政策，也包括了环境问题应对政策，可见印度在追求经济发展的同时在不断提升生态环境保护的重要性。

（二）完善环境立法

为进一步限制生态环境破坏活动，印度持续完善国家环境法律体系，以《环境保护法》《水污染防治法》《森林保护法》三大法律制度为环境立法基石。

20世纪80年代末出台的《环境保护法》主要对环境治理责任划分做出了相关规定，明确了政府是国家环境保护的首要责任人，并赋予政府可围绕环境保护出台各种实施细则或落实举措的权利和义务。2003年，印度政府对《环境保护法》进行了调整修订，要求作为该国经济增长动力源的工业企业必须向政府提交固气废物排放的准确数据，并对工业企业的废物排放设定"红线"标准。

《水污染防治法》推动印度设立了中央公害管理委员会肩负对国家水资源污染问题管控的责任。《水污染防治法》规则严明，赋予政府强大的管控执法权，一旦发现企业对水资源造成污染，可责令其立即停业整改，以最直接的方式遏制水资源污染活动的发生。

由于工业发展需要，印度乱砍滥伐现象大量涌现。鉴于此，印度于20世纪90年代初期出台《森林保护法》，以减缓国家森林资源衰退的速度。随后，印度持续修订该法，不断加强中央政府对于森林资源的管理权限，中央政府可直接制止未经允许或超出许可范围的违法森林砍伐活动。与此同时，《森林保护法》还赋予了各邦县关于森林资源保护的自主立法权，允许各邦县政府根据本地森林资源环境状况，自行制定更为严格的法律法规，从而实现更高强度、更大力度的森林环境治理。

（三）落实环境执法

印度的生态环境执法体系主要由森林环境部作为主导部门，协同农业部、矿山部、水资源部和电力部等有关部门共同落实环境执法；日常的生态环境常态化管理工作则由中央公害管理委员会、各邦环境局和邦公害管理委员会承担。森林环境部主要职能是对环境行为和活动进行指导和协调，发布废弃物处理的一般标准和决定发放许可证的条件。与环境有关的部委管理也分为中央和邦两个层次。在古吉拉特邦，邦公害管理委员会作为调查企业遵守法规状况的部门，有 200 名工程师和科学工作者。为确认企业是否造成环境污染，对企业进行定期检查，邦公害管理委员会确定企业产生污染时，可发出关闭命令；对关闭后采取措施和污染状况得到改善的企业，则许可重新运营。2003 年度因污染而发出的关闭企业命令有 450 件，警告达 3000 余件。

二　越南环境治理的政策与措施

面对不断衰退的生态环境，越南政府将环境保护与可持续发展理念纳入经济社会发展政策，并逐渐制度化形成法律规定。

（一）形成环境法律法规体系

革新开放时期是越南环境保护法律陆续出台并不断形成体系的关键时期，这一时期越南出台了环境保护的国家政策与计划，制定并通过了一系列环境法律，在中央与地方设立了专门负责环境保护的政府部门以执行、监督法律实施。与此同时，越南还积极与世界领先的环保科技国家开展深度合作，不仅学习先进的环保科技，也在环保法规制度方面大量汲取先进国家的治理经验。

1986 年，越南现代化逐步走上正轨，国家愈加重视生态环境问题，正式发布了《国家环境保护战略（试行）》。1991 年政府制订并通过了《1991—2000 年国家环境与可持续发展计划》，将环境治理提升至国家核心战略的重要地位，明确了在推动经济增长过程中必须注重对生态环境的保护。该计划自颁布以来得到积极执行。1994 年以后，越南政府正式将环境保护工作纳入社会经济发展计划。

国家政策的陆续出台为环境保护立法指明了方向，这一时期，越南不仅在《宪法》中确立了环境保护条款，在环境保护法领域也实现重大突破。1993 年九届国会通过《环境保护法》，后又在此基础上出台一系列环境保护单行法、指导《环境保护法》实施的几部法令，并在其他法律中增设了环境保护的内容，如 1987 年的《外资法》、1990 年的《海商法》、1993 年的《石油法》等，环境保护法律体系逐渐形成。

进入 21 世纪后，随着经济的快速发展，越南生态环境出现进一步恶化的势头，这一时期越南已经意识到生态环境恶化对现代化发展的巨大危害，并积极采取措施来调和经济发展与环境保护之间的矛盾。首先确定了可持续发展的战略方向，其次根据环境保护工作发展趋势适时修订相关法律、完善法律体系，并在政策与立法基础上提高执法能力，加强环境治理体系建设。

在 2002 年可持续发展世界首脑会议举办后，越南政府于 2004 年颁布了《越南 21 世纪议程》，确定了越南可持续发展战略方向。此后，越南在历次党代会文件和《2001—2010 年社会经济发展战略》中都提出了可持续发展的方针，即"快速、高效、可持续发展，经济发展与社会进步、公平和环境保护相联系"。《2011—2020 年社会经济发展战略》再次确认了这一点，即"快速发展与可持续发展相联系，可持续发展是整个战略的永恒要求"，指出要处理好快速发展和可持续发展的关系。在各种经济社会发展规划中要考虑 50—100 年的长远环保问题。

另外，越南在这一时期继续加强环境立法，2013 年新修订的《环境保护法》，增强了执法的可操作性。与此同时，为应对森林覆盖率下降、生物多样性受损的问题，越南通过了一系列与生态保护相关的立法，如 2003 年《渔业法》、2004 年《森林保护和开发法》、2008 年《生物多样性法》、2015 年《海洋和海岛资源环境法》等，逐步构建起一个包括污染治理、资源利用、生态保护相互联系的环境保护法律系统，环境保护法治化在立法层面取得较大进展（见表 5 - 1）。

表 5 – 1　　　　　　　　　　越南环境法律历史演变过程

时期	1976—1986 年	1986—2002 年	2002 年至今
标志性事件	全国统一	1986 年革新开放	2002 年可持续发展世界首脑会议
现实背景	统一后对环境资源的掠夺性开发	工业化加重环境问题，加大对自然资源的需求；发达国家污染转移	经济快速发展，城市化进程加快，国际合作深化
环境问题	有毒化学品造成土壤、水源污染、森林植被破坏、生物多样性破坏	土壤污染、水污染、空气污染、噪声污染、森林面积减少、土地荒漠化	水污染与缺水并存、城市空气污染严重、土地沙石化严重
重要文件	《国家环境保护战略（试行）》《环境保护和自然资源利用的研究报告》	《1991—2000 年国家环境与可持续发展计划》	《越南 21 世纪议程》《2011—2020 年社会经济发展战略》
重要法律		1993 年《环境保护法》1993 年《土地法》1996 年《矿产法》1998 年《水资源法》1994 年指导《环境保护法》实施的175/CP 法令1996 年反对环境破坏的 26/CP 法令	2013 年《环境保护法》2003 年《渔业法》2004 年《森林保护和开发法》2008 年《生物多样性法》2015 年《海洋和海岛资源环境法》
特征	对环境保护政策措施的探索阶段，尚未形成法律	《环境保护法》及一系列环境保护与资源利用单行法陆续出台	《环境保护法》及其他单行法不断修订完善，环境法律体系逐渐健全

资料来源：一带一路环境技术交流与转移中心（深圳）：《"一带一路"环境政策法规蓝皮书》，2020 年。

（二）建设环保标准体系

2006 年是越南环保标准体系建设的元年，当年 6 月该国国会正式出台《标准与技术法规法》。这部法律主要阐述了标准、技术、法规的评定方法，明确了标准制定、颁布流程以及法规适用对象。在此基础上，越南环保标准体系依据《标准与技术法规法》逐渐形成。环境标准和相关的技术规范是管理者实现环境治理各个时期制定的目标和要求所依赖的规则、标准和限制，是环境治理的关键工具。环境标准规范的强制适用则是实现环境保护要求的基本措施之一。越南现行环境保护国家技术规范主要分布在以下领域：空气质量、水质量、固体废物管理、环境噪声等。表 5 - 2 详细总结了越南当前施行的环境保护国家技术规范文件。

表 5 - 2　　　　越南现行环境保护国家技术规范体系

1	《国家地下水水质技术法规》	QCVN09 - MT：2015/BTNMT
2	《国家海水质量技术规范》	QCVN10 - MT：2015/BTNMT
3	《国家清洁水质技术规范》	QCVN01 - 1：2018/BYT
废水排放：各行业、生产生活活动中排放的水污染物数量或浓度所规定的限制标准		
4	《国家天然橡胶废水处理技术规范》	QCVN01 - 1：2018/BYT
5	《国家海产品加工废水技术规范》	QCVN11 - MT：2015/BTNMT
6	《国家固体废物埋葬场废水技术规范》	QCVN25：2009/BTNMT
7	《制浆造纸废水国家技术法规》	QCVN12 - MT：2015/BTNMT
8	《国家医疗废水技术规定》	QCVN28：2010/BTNMT
9	《国家关于油库和车间废水的技术规范》	QCVN29：2010/BTNMT
10	《国家纺织废水工业技术规范》	QCVN13 - MT：2015/BTNMT
11	《国家生活污水技术规范》	QCVN14：2008/BTNMT
12	《国家工业废水技术规范》	QCVN40：2011/BTNMT
13	《国家钢铁生产工业废水技术规范》	QCVN52：2013/BTNMT
14	《国家关于生产燃料酒精废水技术规范》	QCVN60 - MT：2015/BTNMT
15	《国家畜禽废水技术规范》	QCVN62 - MT：2016/BTNMT

续表

	废气排放：为了控制污染物的排放量，对各行业排入 大气中的污染物数量或浓度所规定的限制标准	
16	《医疗固体废物焚化炉排放国家技术规范》	QCVN02：2012/BTNMT
17	《国家环境空气质量技术规范》	QCVN05：2013/BTNMT
18	《关于环境空气中某些有害物质的 国家技术规范》	QCVN06：2009/BTNMT
19	《工业废物焚化炉排放国家技术规范》	QCVN30：2012/BTNMT
20	《国家生活垃圾焚烧炉技术规范》	QCVN61 - MT：2016/BTNMT
	危害性污泥（土）污染：对污染物在土壤中的最大容许含量所做的规定	
21	《国家对土壤中某些重金属 允许限量技术规范》	QCVN03 - MT：2015/BTNMT
22	《国家危险废物阈值技术规范》	QCVN07：2009/BTNMT
23	《关于土壤中植物保护化学残留物的 国家技术规范》	QCVN15：2008/BTNMT
24	《国家关于水处理过程中污泥危险 阈值的技术规范》	QCVN50：2013/BTNMT
	噪声：是为保护人群健康和生存环境，对噪声容许范围所做的规定	
25	《国家噪声技术规范》	QCVN26：2010/BTNMT

资料来源：一带一路环境技术交流与转移中心（深圳）：《"一带一路"环境政策法规标准蓝皮书（东南亚篇）》，2021 年，https://www. doc88. com/p - 34759741046627. html。

（三）建设环境政策体系

可持续发展是现阶段越南国家发展进程的总体要求，要求确保经济与社会的协调、合理、和谐发展，保护自然资源和环境，积极应对气候变化、国防安全、社会秩序和安全，维护国家独立和主权。2012 年，越南政府发布《2011—2020 年越南可持续发展战略》，提出了经济、社会、自然资源和环境等方面的可持续发展监督评估目标，并确定了 2011—2020 年越南可持续发展的重点。

2012 年 9 月 5 日，越南政府发布了《2020 年国家环境保护战略与 2030 年愿景》，确立了到 2020 年的国家环境保护总体目标，即全面控制和尽量减少环境污染、资源耗竭和生物多样性退化；进一步提高人居环境的质量；提高应对气候变化的能力；努力实现国家可持续发展。并提出了到 2030 年的愿景，即防止和遏制环境污染、资源耗竭和生物多样性退化；改善人居环境质量；积极应对气候变化；为实现国家繁荣和可持续发展创造低浪费、低碳绿色经济的基本条件。

为了落实 2030 年可持续发展议程，2017 年 5 月 10 日，越南政府发布《2030 年可持续发展议程国家行动计划》，提出了国家可持续发展的总体目标，即在维持经济增长的同时，确保社会进步和正义、环境与生态保护、有效管理和利用自然资源、积极应对气候变化；确保所有公民都能充分参与、发展并公平地从发展成果中获益；建设和平、繁荣、包容、民主、公正、文明和可持续的越南社会。并提出了涵盖经济、社会和环境各领域的 17 项可持续发展目标和 115 项具体目标。

绿色增长作为实现低碳经济和丰富自然资本的手段，将成为经济可持续发展的主要方向，减少温室气体排放和提高吸收温室气体的能力将逐渐成为社会经济发展的强制性和重要指标。2012 年 9 月 25 日，越南政府制定《国家绿色增长战略》，以综合主要部门和社会的绿色行动计划。以期通过更有效地利用资源和新技术促进绿色生产，促进可持续生产并创建新的绿色业务。与 2010 年相比，将温室气体排放强度降低 8%—10%；并每年将单位 GDP 的能耗降低 1%—1.5%；与通常情况相比，将能源活动产生的温室气体排放量减少 10%—20%；该承诺包括自愿减少约 10%，并在国际支持下再减少 10%。刺激绿色生活方式，促进可持续消费。2014 年 3 月 20 日，越南发布《2014—2020 年国家绿色增长行动计划》，在地方层面设立机构，制订绿色发展行动计划；降低温室气体排放强度，促进使用清洁能源和可再生能源；绿色生产；绿色生活方式及促进可持续消费 4 个主题的 12 类行动和 66 项具体行动。

近年来，越南政府还颁布了多项政策、战略和计划，以促进生物多样性的保护。越南在 1994 年成为《生物多样性公约》成员，1995 年颁布了第一个《生物多样性行动计划》，该行动计划成为 1995—2005 年越南生物多样性保护的指导方针。2005 年，自然资

源和环境部向总理提交了《2010 年生物多样性行动计划和 2020 年
远景》，并于 2007 年通过。2011 年，自然资源与环境部发布
《2020 年国家生物多样性战略和 2030 年愿景》，制定到 2020 年的
国家生物多样性战略，目标是实现越南在《生物多样性公约》的承
诺，并根据新时期的发展情况确定生物多样性保护和可持续利用的
目标和任务。2014 年 1 月 8 日，越南通过关于《批准 2020 年面向
2030 年全国生物多样性保护总体规划》的命令，提出到 2020 年的
总体目标，即确保重要的自然生态系统、濒危和珍贵的珍稀物种、
遗传资源的保护和可持续发展；保持和发展生态系统服务以适应气
候变化，促进国家可持续发展。

2017 年 4 月 5 日，越南发布《2030 年通过减少森林砍伐和森
林退化、森林资源可持续管理、保护和提高森林碳储量国家行动计
划》，提出 2017—2020 年，通过 REDD + 活动减少温室气体排放，
将森林覆盖率扩大到 42%，到 2020 年森林覆盖率达 1440 万公顷；
到 2030 年将天然林面积至少稳定在 2020 年的水平，并将森林覆盖
率提高到国土面积的 45%。

三 起飞经济体实践成效与原因

印度、越南等国家在经济起飞过程中也并非完全忽略生态文明
建设，这些国家在面对经济快速增长所带来的环境破坏问题时也做
出了一些努力，纷纷制定一系列有利于环境保护的法律法规与政策
制度，力图改善自身的生态环境状况。但是，就现阶段而言，这些
起飞经济体在生态文明建设方面所获成效甚微，仍然无法有效遏制
生态环境进一步恶化，主要原因是环境立法制度尚未完善、环境执
法力度有待加强、环境保护专项资金缺乏。

（一）环境立法制度尚未完善

近年来印度、越南两个起飞经济体不断完善本国的环境法律制
度体系，甚至在环境公益诉讼、环境司法专门化等方面已经取得了
较为突出的成效。但值得注意的是，尽管这些国家现有的环境保护
法律体系在一定程度上有效遏制了环境质量恶化的趋势，为环保工
作的推进做出了贡献，但现行环境保护相关立法及其实施也暴露出

许多局限性与不足之处。

印度具有基本法地位的《环境保护法》对公民权利、污染界定等一些关键性问题重视不够；各领域单行立法也有不同程度的滞后，比如作为水污染防治领域的重要专门立法，《水污染防治法》一直没有对地下水污染问题和水质标准问题做出明确的规定。现行立法对环境公益诉讼的适用范围以及国家绿色法院的管辖范围等所做出的规定与日益复杂的环境保护实践需求之间差距越来越大。

当前越南环境法律法规的具体内容还难以满足国内工业化、现代化与国际经济一体化方面的要求，分散在各个领域单行法中的环境保护规范之间存在矛盾，环境保护法律体系未能从生态系统整体性的角度进行构建。作为现代环境保护与国家环境治理的重要手段，有关信息公开、公众参与的内容在越南《环境保护法》及环境法律体系中的规定还十分抽象，加之缺乏具体配套的实施法规和程序机制，导致其在规定方面缺乏有效性、在实施方面缺乏适用性，公众参与环境保护的诉求难以得到法律保障。

（二）环境执法力度有待加强

环境执法过程中存在职权分散、管辖权重叠、执行懈怠等现象。以印度为例，印度执法懈怠和司法越权是印度环境法律实施过程中所暴露出的一对突出矛盾，一方面，地方保护主义使得印度环境法律在具体落实过程中备受阻碍。另一方面，司法能动主义以及司法专门化又使得印度法院在解决环境问题、制定环境政策等方面存在过于积极、干扰行政执法的嫌疑。

越南也存在与印度类似的环境执法力度薄弱的问题。国家和地方负有环境保护职能的部门在管理职责方面存在职权分散、管辖权重叠等弊端，不利于环境治理工作的有效开展。当前环境监管部门执法能力与效果不佳也是影响环境治理工作的重要因素，由于越南环境保护工作起步较晚，经济发展水平尚低，行政执法中还存在人力、资金、技术不足等问题，导致越南环境监管部门执法能力相对较弱。

（三）环境保护专项资金缺乏

缺乏行之有效的管控方案以及缺少政府财政资金支持，也是造成起飞经济体生态环境破坏迟迟未能得到有效缓解的重要原因之一。印度、越南都存在环保专项资金严重不足、资金使用监管缺位、资金使用效率低下等问题。如 1984 年，印度政府首次推出恒河行动计划进行河流治污，但收效甚微。2014 年，印度政府再次开展恒河清理计划，计划 5 年内投入超过 28 亿美元预算支出用于治理恒河。2017 年 3 月，印度审计署公布的报告显示，恒河清理计划投入的资金并没有产生预想的成效。报告还显示，在 46 个污水处理厂中，截流和引水工程以及运河工程造价超过 7 亿美元，其中 26 个项目出现延误，导致超过 3.88 亿美元投资迟迟未落实到位。

第二节　中等收入陷阱经济体环境治理实践及其成效

一　泰国环境治理的政策与措施

泰国的最高环境治理机构是国家环境委员会，泰国国家自然资源和环境部是国家环境委员会领导下的执行环保职能的最重要的行政部门。1975 年，泰国政府就制定了《国家环境质量改善保护法》，该法为泰国的环境基本法，并设立了国家环境委员会作为环境行政管理单位，致力于环境改善。1992 年，制定了《国家环境质量促进和保护法》，并设立了科学技术环境部，增设了环境保护基金，设立了援助非政府环境组织，规定了谁污染谁负责、环境质量基准、惩罚条例等。从 1981 年开始，泰国持续实行环境影响评估政策，在住宅、公路、旅馆建设及工厂布局等方面取得了成果。

泰国实行君主立宪制。国家立法议会负责制定法律，行使国会和上、下两院职权。泰国属大陆法系，以成文法作为法院判决的主要依据。泰国是东南亚地区较发达的国家，政府较为重视环境保护立法，从 20 世纪 70 年代至今，已制定了一系列环境法律。1992 年修正的《国家环境质量促进和保护法》为泰国环保基本法律，该法案规定了商业运作时必须考虑的环保因素，如商业部门须确定污染控制措施，必须拥有废气、废水、废物处理系统以及各种工具或设备以应对可能发生的污染，如水、空气、噪声和危险废物污染等；确定参与污染产生的人员的职责和责任等。此外，还颁布了一系列专门的环保法律等（见表5-3）。

表5-3　　　　　　　　泰国环保法律法规颁布时间

颁布时间	环保法律法规
1961	《国家公园法》
1964	《国家森林保护法》
1979	《城市规划法》
1978	《泰国工业区管理局法》
1979	《建筑控制法》
1992	《公共卫生法》
1992	《清洁和秩序管理法》
1992	《工厂法》
1992	《有害物质法》
1995	《总理办公室关于防止和消除石油污染法规》
2000	《土地挖掘和填埋法》
2000	《总理办公室关于保护和利用生物多样性的条例》
2004	《总理办公室关于防止和消除石油污染法规》
2008	《国家旅游政策法》

资料来源：根据泰国自然资源和环境部污染控制厅资料所得。

（一）生态环境标准

自然资源和环境部制定了明确的空气和噪声污染、水污染、土壤污染、废弃物和危险物质排放标准，发布了一系列关于大气、噪声、水、土壤等方面污染控制和保护的公告。生态环境标准中主要包括三类环境质量标准和两类污染物排放标准，其中环境质量标准规定了大气、水（含饮用水及地下水水质标准）及土壤的质量标准；污染物排放标准则涉及大气和水环境的污染物排放标准。

对废水的处理。泰国为了控制废水和废弃物的排放，制定了废水管控办法。对于工厂和工业区的废水排放有一定的参数规定，对某些特殊工业的废水排放还设定了参数和生化需氧量，要求工厂必须对废水进行处理，使其符合排放的标准。同时泰国在处理废水时还采用经济手段，比如收废水处理费、征收污水税等。

对空气污染的治理。泰国空气质量标准主要规定了空气中一氧化碳、二氧化氮、臭氧、二氧化硫、铅以及各类浮尘不同时段的浓度。同时，对交通工具排放的空气污染物也有明确的标准。

固体废物和危险废弃物。泰国自然资源和环境部和公共卫生部负责制定处理固体垃圾的规章、标准和措施，地方政府负责本地固体垃圾的处理，包括对危险废弃物的处理。

（二）环境影响评估管理

1975 年，泰国第一次提出环境影响评估（EIA），强制要求可能对自然环境造成影响的大型项目，必须提交环境影响评估报告，由自然资源和环境政策规划办公室来进行审核。根据泰国 1992 年《国家环境质量促进和保护法》的规定，政府部门、国有企业和个人提交的环境影响评估报告及相关材料，首先要获得自然环境委员会批准，其次由自然资源和环境保护部根据项目的类型和规模进行分类，再次由部长签发，最后须公布在政府报刊上。根据泰国法律规定，有些重大投资或工程项目的环境影响评估报告，须报内阁最终批准，这类项目需要在可研究阶段准备环境影响评估报告，先征得国家环境委员会同意，然后报内阁审批。

二　巴西环境治理的政策与措施

巴西政府出台了不少法律法规政策以应对环境问题，主要针对森林资源、物种保护等内容。巴西环境部、环境和可再生自然资源管理局、生物多样性保护管理局、国家水利局等部门根据《森林法典》《濒危野生动植物国际贸易公约》《环境犯罪法》《国家热带木材协议》等法律法规协同治理环境，以多个行动计划实施保障。

（一）环境政策法规体系

1972 年，巴西制定了《环境基本法》，对各种污染的防治和自然资源的保护做出了细致而严格的法律规定，并逐步建立了相对健全的环境立法体系，使得环境违法成本较高。然而尽管如此，巴西的环境治理在实践中并未得到足够重视，在经济高速增长期间，自然环境仍遭受了重大破坏，付出了惨重的代价。为吸取深刻教训，1998 年，巴西新宪法中专门增加一章内容，阐述环境治理的基本要求，规定了一系列环境治理和生态保护的法规，确定了政府和公民保护环境的权利和义务，成为世界上第一个将环保内容完整写入宪法的国家。此后，巴西陆续颁布一系列环保新法律、新法规，进一步充实和丰富了环境保护立法体系，其立法细致程度和体系完善程度堪与发达国家媲美。经过数十年的探索和努力，巴西终于建成了以宪法为核心、专项法律法规为支撑的环境保护法律体系（见表 5 - 4）。

表 5 - 4　　　　　　　　巴西环保法律法规颁布时间

时间	法律法规名称	主要内容
1965 年 9 月 15 日	第 4771 号法律	设立了新森林法典
1975 年 11 月 17 日	第 76623 号法令	颁布《濒危野生动植物国际贸易公约》，2000 年 9 月 21 日颁布的第 3607 号法令对具体执行该公约做了规定
1981 年 8 月 31 日	第 6938 号法律	对国家环境政策、目的以及运行机制等做了规定
1986 年	国家环境委员会第 1 号政令	对环境影响报告基本标准和指导方针做了规定
1986 年 7 月 4 日	第 7509 号法律	对木材的水上运输做了规定
1989 年 4 月 14 日	第 7754 号法律	对河流发源地的森林保护措施做了规定
1993 年 4 月 6 日	巴西环境和可再生自然资源管理局第 44 号法令	对森林产品运输许可做了规定
1994 年 10 月 27 日	第 1298 号法令	通过国家森林法规
1997 年	国家环境委员会第 237 号政令	在国家环境政策中对环境证书做了规定
1998 年 2 月 12 日	第 9605 号法律	环境犯罪法
1998 年 7 月 8 日	第 2661 号法令	对在森林和牧区地带使用火的工作预防措施做了规定

续表

时间	法律法规名称	主要内容
1998 年 8 月 4 日	第 2707 号法令	颁布《国家热带木材协议》，该协议于 1994 年 1 月 26 日在日内瓦签署
2000 年 4 月 20 日	第 3420 号法令	设立国家森林项目
2001 年	国家环境委员会第 278 号政令	禁止砍伐和开发大西洋濒危树木
2002 年	国家环境委员会第 302 号政令	对永久保护人工林标准、定义和限制做了规定
2002 年	国家环境委员会第 303 号政令	对永久保护林标准、定义和限制做了规定
2003 年 4 月 23 日	第 10650 号法律	规定公众有权通过巴西国家环境系统了解有关信息和数据
2003 年 7 月 30 日	巴西环境部第 1 号技术法规	对亚马孙地区农村地区砍伐许可环境证书做了规定
2003 年 8 月 5 日	第 10711 号法律	对巴西国家种子和树苗系统做了规定
2004 年 1 月 8 日	巴西环境和可再生自然资源管理局第 3 号法令	对森林产品及副产品进出口许可证和有关产品的重新出口原产地证做了规定
2004 年 5 月 27 日	巴西环境和可再生自然资源管理局第 31 号技术法规	对在国家林区内开展矿业研究及采矿活动，领取相关许可的程序做了规定
2005 年 8 月 25 日	巴西环境和可再生自然资源管理局第 75 号技术法规	对土地改革项目及其他公共项目，获得砍伐许可证的程序做了规定
2005 年 12 月 7 日	巴西环境和可再生自然资源管理局第 77 号技术法规	对原生及外来自然林和人工林木材产品及副产品出口做了规定
2006 年	国家环境委员会第 369 号政令	在公共用途、社会福利或环境影响较小的情况下，对可使用永久保护区植被的特例做了规定

续表

时间	法律法规名称	主要内容
2006 年	国家环境委员会第 379 号政令	对国家环境系统中森林管理数据和信息做了规定
2006 年 3 月 2 日	第 11284 号法律	对以下内容做了规定,包括为进行可持续生产开展公众森林管理,在巴西环境部内设置巴西森林服务局,设立巴西国家森林发展基金会
2006 年 8 月 21 日	巴西环境和可再生自然资源管理局第 112 号技术法规	对森林原产地文件的办理程序及指导方针进行了规定
2006 年 12 月 11 日	巴西环境部第 4 号技术法规	对可持续性森林管理技术分析预先许可进行了规定
2006 年 12 月 15 日	巴西环境与可再生自然资源管理局第 6 号技术法规	对森林恢复和森林原材料产品的使用进行了规定
2006 年 12 月 22 日	第 11482 号法律	对大西洋森林原生植被使用和保护进行了规定
2007 年 4 月 26 日	巴西环境和可再生自然资源管理局第 2 号技术法规	在巴西环境和可再生自然资源管理局框架内设立亚马孙地区森林木材管理计划分析简单管理,旨在对森林可持续性管理计划分析提供支持
2007 年 5 月 2 日	巴西环境和可再生自然资源管理局第 3 号技术法规	对受财政鼓励及强制恢复森林的开发做了规定
2007 年 7 月 6 日	巴西森林服务局第 2 号政令	对国家公共森林注册做了规定
2007 年 8 月 28 日	第 11516 号法律	设立生物多样性保护管理局

资料来源:李霞、闫枫、朱鑫鑫编著:《金砖国家环境管理体系与合作机制研究》,中国环境出版社 2017 年版。

在巴西诸多环境立法中,实施效果较好、震慑力度较大的有许可证制度和环境犯罪法。根据许可证制度规定,如果对环境影响较

大的项目活动，没有经过环境监管部门的事先评估与审核，该项目
活动会被认定为违法。除了事前许可以外，许可证制度还规定了每
项具体操作必须获得许可，否则也构成违法。根据环境犯罪法规
定，破坏环境的行为及其主体要接受法律的惩罚，比如查封违法工
程、罚款、追究公职人员的责任、刑事监禁等。在巴西，环境犯罪
法实行了较为严厉的惩罚机制。例如，在禁渔期和禁渔区捕鱼者，
可处1—3年的刑期和罚金；虐待动物者，可处6—12个月的刑期和
罚金；私自采取路边野果者，可能会被判入狱，量刑程度甚至可与
种族歧视罪相当。

（二）环保执行机构

巴西设立了较完善的环保执行机构，从中央政府到地方政府，
都设立了相应的环境治理执行机构，如中央政府的环保部、大城市
的环保局以及联邦政府、州政府、市政府组成的全国环境机构联动
体系等，形成环境治理与执行的"三位一体"架构。而且，巴西的
环保执行机构具有独特之处：一是巴西环境部专设"执行秘书长"
一职，对各秘书处的工作、部门年度工作计划和预算、内部职能调
整和公共政策实施工作情况进行监控、协调、评估，以确保环保项
目的有效实施完成。二是巴西组建环境执法队，专职进行环境监督
管理，并运用遥感卫星等高新技术，保障了环境治理执法的人力资
源和先进技术需求。三是巴西联邦机构介入环境执法行动，形成独
特的"环境检察司法"，有力地增强了环境执法力度。四是巴西环
保官员常驻大中型企业，负责监督企业的环保行为，一旦发现企业
有破坏环境的行为，常驻环保官员可以对企业的发展实施一票否决
权。此外，针对亚马孙地区的环境治理，巴西政府专门成立了亚马
孙协调秘书处，重点负责该地区的自然保护和环境法规的执行情
况，实施"亚马孙可持续发展计划"，促进巴西热带雨林的生态
保护。

（三）巴西环保相关行动计划

从20世纪70年代末起，巴西政府不断推出环境治理计划，如
"消除破坏臭氧层计划""国家森林计划""亚马孙可持续发展计
划"等；推行环境治理的新措施、新手段，如城市垃圾回收再利用

网络、机动车尾气治理行动、环境监测第三方执行等。机动车尾气治理行动实施效果较好，治理汽车尾气污染取得瞩目成就。根据新规定，新车必须安装尾气净化装置，汽车燃油必须添加 25% 的乙醇，即使用汽油与乙醇的混合燃料，而不是使用纯汽油作为汽车燃料，这一创举使巴西成为世界上唯一不用纯汽油作汽车燃料的国家。2010 年 1 月 19 日，巴西建成全球首座乙醇发电站并投入使用。从 2014 年 1 月 1 日起，巴西开始全面销售新型环保汽油，使用这种新型环保汽油能够减少 94% 的硫排放，减少硫酸盐的形成，进而使敏感人群避免因吸入过量的汽车尾气而引起呼吸道和心血管疾病。环境监测第三方执行也取得了一定成效，其中巴西淡水河谷成为成功的典范。巴西淡水河谷是全球最大的铁矿企业，所有的环境监测均由第三方完成，涉及环境的一举一动，都由第三方监督控制，淡水河谷一直自觉守法，狠抓环境治理，建立自己的自然保护区，建成了四种生态系统，包括 2800 多种植物种类、数百种动物，其可持续发展表现符合全球报告倡议组织（GRI）的标准。此外，自然保护区制度也取得了较好成效。巴西推行自然保护区制度，建立了亚马孙热带雨林保护区、大西洋沿岸森林保护区、湿地保护区等，要求联邦政府、州、市必须承担保护区的设立和管理责任，确保自然公园和生物保护区的可持续发展。

巴西政府高度重视环保投入，不惜投入巨资保护环境。其中，亚马孙地区生态保护的资金投入相当大，仅 1991—2000 年就投入近 1000 亿美元环保资金。钢铁、造纸和纸浆等易造成污染的企业几乎每年都能得到政府的优惠环保贷款。以 2013 年为例，设备、工程、咨询服务、污染控制及清理项目获得环保投资高达 107 亿美元，其中 50 亿美元用于固体废物处理，46 亿美元用于废水处理，11 亿美元用于空气污染控制。

（四）环保理念的普及

巴西出台制定了诸多鼓励企业、公民积极参与环保的措施，旨在提升公民的环保热情和意识，形成政府、企业、公民"三体联动、官民并举，共同参与"的环保治理格局。在联动机制推动下，巴西一些地方政府出台互惠性法规，推动企业、民众与政府部门形成互动。比如"绿色交换"项目，由市政府牵头，引导市民将纸类、金属类、塑料类、玻璃类、油污类等生活垃圾收集起来，到附近的交换站交换西红柿、土豆、香蕉等食品。比如"绿化换税收减免"项目，在巴西南部的库里蒂巴市，如果家庭在各自庭院或者房屋周围植树种草、进行绿化，可以根据绿化面积的大小减免房屋土地税和物业税；反之，如果私自毁坏甚至移栽树木植被，则可能面临牢狱之灾。为配合该项目的推行，巴西环境署通过卫星实时监控，以确保项目实施效果。绿色环保已经成为巴西公民的共同意志，全国上下形成了人人爱护自然、人人共享环境、人与自然和谐相处的良性互动态势。

三　南非环境治理的政策与措施

随着全球气候变暖形势越发严峻以及本国优质煤炭资源日趋紧张，作为首批《巴黎协定》签署国，南非多年来都在积极推进能源低碳转型和环境保护。南非构建了层次分明、衔接紧密的环境立法体系，内容完善、类型多样的环境许可、授权与担保制度，制度完备、程序复杂的环境影响评价机制，从多个方面共同探索环境保护路径。

（一）环境立法与管理体系

在 1996 年新宪法精神、1997 年《保护与可持续利用南非生态资源多样性之白皮书》的指导下，南非于 1998 年先后制定和颁布了《国家环境管理法》《国家水法》《国家遗产法》等几部重要法规，以及《海洋生态资源法》《国家森林法》《国家草原及森林防火法》《国家公园法》《湿地保护法案》《濒危物种保护法案》等（见表 5－5）。

表 5－5　　　　　　　　南非部分环境保护法律

时间	法律名称	主要内容
1965 年	《大气污染防治法》	规定有害气体排放要在事前得到政府许可，排放烟雾、粉尘应限定在特定地区，限制以柴油为燃料的汽车行驶

续表

时间	法律名称	主要内容
1977 年	《保健法》	针对企业排出的废弃、烟尘、臭气、噪声等，给予地方政府采取减少公害手段的权力
1983 年	《植物资源保护法》	提出保护南非原产植物的同时，制定了耕地、沼地、水源保护规定，对植物、烧荒也做出法律规制
1989 年	《国家环境管理法》	规定了环境治理框架，禁止环境遭到破坏，将环境开发控制在最低限度，将废弃物排放控制在最小限度，并促进其循环利用和公平利用，防止资源枯竭
1998 年	《水资源法》	针对水资源污染，赋予土地所有者改善义务，规定了防止公害义务
1999 年	《遗产资源法》	规定了自然遗产的管理、保护义务

资料来源：一带一路环境技术交流与转移中心（深圳）：《"一带一路"环境政策法规蓝皮书》，2020 年。

　　宪法环境权是立法的基石，也是环境公益诉讼的权利客体，它赋予南非公民拥有无害于其幸福和健康的环境权利，并设置有可诉性的权利救济司法制度。以《国家环境管理法》为核心，南非形成了有关水资源、大气、废弃物等八个方面的环境治理法，它们为环境治理与保护提供了法律依据。还颁布了种类繁多的环境单行法规，内容涉及环境污染防治、自然资源保护和能源三大领域，从土壤、噪声到森林、水、动物等，再到电力、核能、石油、天然气等均颁布有操作性极强的法规。此外，南非颁布了《南非环境政策绿皮书》《南非环境管理政策白皮书》《南非国家可持续发展框架》《国家可持续发展战略和行动计划》《2015—2020 年环境实施和管理计划（EIMP）》等，构建了监管架构，大力发展可再生能源。但与此同时，南非的发展也面临着挑战，包括空气污染和气候变化、生物多样性丧失和陆地生态系统破坏、土地退化、水资源短缺和水质管理以及废物的产生和处理。南非吸收了国际性和区域性的环境公约与协议精神，将国际环境法转化为国内立法，形成了一套从宪法环境权到环境基本法，再到国内环境单行法规和国际环境保护原则相结合的综合性、多位阶的环境立法体系。

（二）环境保护制度

南非具有较为完善和丰富的环境保护制度，包括环境许可、授权与担保制度等。比如企业探矿、采矿之前，必须要提交环境治理方案，待矿产资源部长批准，获得探矿权、采矿权和采矿许可证后，才能够进行采矿。企业要进行生产经营，需先综合考察水利用率和公共利益等影响，申请获批用水许可证，且颁发的用水许可证有效期不超过40年，每5年复查一次。政府还制定了较为完备、程序复杂的环境影响评价制度，2010年的《环境影响评价条例》列举了两类清单：一般项目清单、具有潜在重大环境影响的项目清单，并确定南非环境影响评价的主管机关，要求提交项目环境影响评价的申请人，必须是有资质且独立的环境影响评价师，环评师考察企业资产和项目性质，确定潜在的环境责任问题，通过现场调查对项目所在区域的环境问题展开实际检测和取样，起草环评报告、采纳公众意见，向主管机关提出环评申请，由主管机关在30日内决定是否予以环保授权。

（三）环境保护相关机构

南非设立国家环境协调委员会，其成员包括作为环境保护行政主管机关的环境事务部、矿产资源部、能源部等8个部门。这些部门秉承合作决策、综合管理、预防为主、污染者付费、可持续发展和以社区为基础等原则合作进行环境治理。南非还有濒危野生动物协会、南非自然基金会等民间环境保护组织，这些组织将环保问题放到政治日程上，通过多种方式推动公众力量解决环境问题，比如游说政治家，在报刊、广播、电视新闻发表讲话，发行小册子、报道、论文和杂志，组织对学校学生和成人进行环保教育，承担或资助环保研究项目，为任何保护行动提供资料等。濒危野生动物协会已经资助了许多环保项目，如保护蓝燕、穿山甲、花羚羊、猎豹、黑犀牛和海豚等，并通过一系列宣传活动，已禁止在南非沿海捕捉海豚，重罚在海岸水域中携带刺网捕鱼的渔船。

（四）环境保护激励措施

在绿色金融方面，南非颁布了《绿色经济协议》和市政当局与金融机构发行绿色债券，以动员绿色金融资金流动并鼓励创新，对可再生能源独立发电企业采购项目等进行资助；在碳减排方面，南非已经出台《国家温室气体排放报告条例》（*Greenhouse Gas Emission Reporting Regulations*）和《国家污染预防计划条例》（*National Pollution Prevention Plans Regulations*），要求温室气体大型排放企业报告其排放情况并制定减排战略；南非严格推广环境影响评估，缓解和管理新开发活动影响，积极促进可持续发展；南非还提出了《2010—2020 年的经济战略——新增长路径》，扩大太阳能、风能和生物燃料技术的生产，得到环境—增长—就业的协同效应。在实现经济的绿色发展的同时，推动相关行业就业，解决贫困、失业和生态退化问题。南非各部门也积极推动环境层面的改革和创新，但仍存在一些问题：农业部门节水技术推广有待加强；运输部门温室气体排放仍然不容忽视，公共交通和电动汽车的推广没有达到预期成效；在航空部门，机场太阳能的使用和航空生物燃料原料开发仍有待加强；在电力部门也面临着温室气体排放量的上限和可再生能源开发的压力。此外，南非在可持续金融方面开创了一些关键创新，在能源、运输和环境基础设施方面进行大量投资，推动公共和私人投资流向绿色经济，促进向低碳、资源高效和公平的经济转型。

虽然南非政府进行了一系列改革，但是在执行中仍可能面临问题。例如，在绿色投资方面，规划、执行和监测方面具体实施过程中可能存在问题；在绿色税收改革方面，尽管大幅提高了运输燃油税，但南非碳价格比大多数 OECD 成员国低得多；在自然恢复方面，南非的湿地、水系、土壤和空气状况都显示出明显的衰退迹象；在绿色发展公平性方面，南非努力建设公平和包容性经济的主要差距是缺乏有效措施来解决边缘化人民和非正式部门的关切问题；在环境立法的协调与合理化方面，目前的环境治理框架非常分散，妨碍了南非环境影响评价的发展。

四　中等收入陷阱经济体实践成效与原因

尽管泰国、巴西、南非都具有较好的资源条件，也都已经出台了不少环境保护政策，采取了一些保护环境的措施，取得了一定成效，但这些国家和地区都不同程度出现了气候变暖、去森林化、生物多样性丧失、废弃物增多等环境问题。环境治理所涉及经济社会等领域的深层次矛盾并未得到解决，利益纠葛和发展理念依然是诸多矛盾的焦点和症结的根源。

（一）环境保护与经济发展之间的矛盾难以消弭

当经济发展处于缓慢或倒退阶段时，各国的经济社会发展目标主要是摆脱现实困境、恢复经济增长，而无暇顾及可能产生的环境问题及可持续发展的问题，特别是在一些经济相对不发达的地方，环境治理往往让位于经济发展。例如为了吸引外资而修建机场，当机场征地涉及环境问题时，当地政府官员设法修改地方环境法规，为经济发展违规开"绿灯"。又如，为了经济发展，巴西对一些长期实行的环保政策也"开了口子"，在亚马孙地区放开伐木、放牧、开发等活动。由于这一环保政策的松动，亚马孙地区作为地球最大的雨林区正遭受日益扩大的农业、采矿、基础设施建设等项目的破坏。

（二）环境法制不健全，执法机制也有待完善

受各国历史因素和制度性因素的影响，环境治理机构和环境治理工作分散在政府各部门或地方机构，缺乏统一的领导和统筹安排，各地方执法机构能力不平衡。例如，南非的法律之间形成了极其复杂的冲突规则，更多的是规则之间基于一定的原则进行解释，由此造成了基本没有上位法、下位法关系，只有国家法和地区法的关系，并没有真正形成有层次的法律体系。而且南非的环境保护法律是针对当时参加的国际公约或者具体的环境恶化状况进行立法，很多领域的立法极为先进，如生物多样性、保护区立法、农业立法等，但缺乏空气质量、土壤保护方面的立法。又如，巴西在环境执法过程中，常出现有法不依、执法不严、暴力违法、政治干预、司法透明度低、司法诉讼过程漫长等现象，执法部门之间、区域之间缺乏有效的协调机制，环境治理不仅在卫生、能源、司法等多个部门，而且在州、市、联邦政府之间，常引起管辖权的争端，"一政多门、一区多政"的现象凸现。

（三）环保资金投入使用效率不高

国家的环境保护行为与一国的贸易地位存在着间接联系，中等

收入陷阱国家承受着国内发展的环境破坏和国际市场贸易条件恶化的双重压力，不利的贸易条件直接导致国家的财政资金增长缓慢，而为了摆脱贸易不利地位的努力又直接导致其用于环境支出的资金仅占总资金的极少比例。例如，巴西亚马孙地区和潘塔纳尔湿地森林火情严峻，但政府连续几年不断削减森林火灾预防和控制的总预算，经费不足使得火灾危害更甚。由于缺少足够的环保投入资金，使得许多环境政策因资金缺乏或是受技术限制等因素而被迫搁浅，"以债务换自然"的办法也因其局限性而收效不大。

（四）城市无序扩张使得污染加重

中等收入陷阱国家经历了工业化快速发展、城市规模迅速扩张的过程，在此过程中，由于缺乏科学的建设规划，使得城市治理的压力与日俱增，城市环境污染日趋严重。例如，巴西的圣保罗是世界上空气质量最糟糕的城市之一，由于人员大量流入城市，加之就业、住房、社会救助等配套措施的脱节，产生了大批城市失业者和无居者，这些人只得"靠山建房，山上建屋"，形成巴西"穷人上山"的景观。由于穷人区地势较高且缺乏卫生设施，家庭污水直接流向低洼处，污染街道与河流，使得污染更难治理。在圣保罗，每年产生 400 多万吨垃圾，其中一半是家庭和商店排出的废弃物，使得山下的城市中心区也饱受工业垃圾、建筑垃圾、生活垃圾泛滥的困扰。此外，城市化进程带来的机动车数量迅速增加，进一步造成了城市污染程度不断加重，使得泰国曼谷、巴西圣保罗等城市的空气质量堪忧。

第三节　欧盟环境治理实践与探索

一　环境法律体系建设

欧盟环境法律体系在这几十年间不断完善发展，具体可以分为以下五个阶段。

第一，1972 年巴黎峰会至 1987 年 7 月 1 日《单一欧洲法》生效之日，这是欧盟立法开始关注环境保护的阶段。1972 年巴黎峰会首次提出在欧共体内部形成环境保护政策框架，指出了欧洲重心从经济转向环保等其他方面的重要性。1973 年出台了《第一个环境行动计划（1973—1976）》，主要关注改善环境质量，1977 年则通过了《第二个环境行动计划（1977—1981）》，在第一次计划的基础上特别注意自然计划和自然资源的合理利用。1983 年通过了《第三个环境行动计划（1982—1986）》，重点关注延伸污染治理范围。但此时《欧共体条约》中的环境措施仍然缺少专门的法律依据，而是根据当时《欧洲联盟运行条约》，允许在缺少条约明确立法的情况下，根据欧盟部长理事会的一致同意来做出决策。

第二，1987 年 7 月 1 日《单一欧洲法》生效至 1992 年 2 月 7 日《欧洲联盟条约》生效，这是环境法正式在欧盟法框架之下的初始发展阶段。《单一欧洲法》将环境保护政策增补到了欧洲共同体条约中，环境法正式成为欧盟法的一部分。其在条约第三部分增添了"环境"目，为环境立法提供了专门的、明确的渊源。但此环境条款表明，欧共体的环境保护政策只具有辅助性质，即仍以成员国自我保护为优先，是兜底性的权力。1987 年《第四个环境行动计划（1987—1992）》通过，强调了环境政策在欧共体经济决策中的重要性和环境政策一体化。

第三，1992 年 2 月 7 日《欧洲联盟条约》生效至 2000 年《马斯特里赫特条约》生效，这是环境法的深化发展阶段。《欧洲联盟条约》加强了《单一欧洲法》中的"环境条款"，加强了对环境利益的重视。"环境"术语第一次明确地被纳入该条约的关键条文中，也即将环保纳入了共同体的目标和行动。1993 年通过了《第五个环境行动计划（1993—2000）》，该计划首次明确了预防措施原则和污染者付费原则，强调环境政策和多行业协同发展及共同体成员在遵守共同体法律的基础上应当各自确立更严格的环保标准。欧盟委员会建立了专门的环境总司，其日渐成为委员会最重要和最活跃的部门之一。1997 年的欧盟成员国首脑高峰会议上签订了新的《欧洲联盟条约》，将可持续发展作为欧盟的中心目标。

第四，2001 年 2 月欧盟部长理事会签署《尼斯条约》至 2020 年，这是欧盟环境法在 21 世纪各种新环境问题下的应对和发展阶段。2002 年通过了《第六个环境行动计划（2002—2012）》，明确了环境政策发展战略方针及治理框架。2014 年开始实施《第七个环境行动计划（2014—2020）》，该计划列出了该时期的九大优先任务和三大领域优先发展的主题，对自然生态恢复、资源利用率和气候问题方面格外重视。

第五，绿色新政探索阶段：2019 年 12 月发布《欧洲绿色协定》，2020 年 3 月公布《欧洲气候法》，欧盟绿色新政的步伐明显加快，谋求应对气候变化、能源危机的策略探索。疫情后，欧盟提出在产业层面将能源经济转型与疫情经济复苏相结合，相继出台了《欧洲氢能战略》《欧洲能源系统现代化战略》《欧洲可持续投资计划》等，高度强调摆脱现有经济模式，推动绿色经济转型，以绿色转型重塑经济新动能和竞争力。

二 环境标准体系建设

在欧盟共同的环境政策以及阶段性行动计划的指导下，欧盟形成了多领域、多方面的环境标准体系。目前欧盟环境保护标准立法覆盖领域包括以下几个方面。

第一，产品领域。包括控制建筑设备的噪声、机动车的排放，在一些消费产品中控制有害化学物质、废物转移和濒危物种的贸易等。例如《为新型重型车辆制定 CO_2 排放标准的（EU）2019/1242 号法规》《关于油品质量的 98/70/EC 号指令》《化学品注册、评估、授权和限制法规》等。

第二，具有环境或健康影响的活动或产品生产。例如，建设活动、工厂的运行、废物排放与处理处置、场地恢复等。具体的标准包括《关于限制中型燃烧装置向空气中排放某些污染物的指令》《为规定能源相关产品的生态设计要求建立框架的指令》等。

第三，环境质量管理领域。包括大气、水的环境质量管理等，具体的标准如《水政策环境标准指令》《空气质量框架指令》等。

第四，程序和相关权利领域。例如，环境影响评价、信息公开和公众咨询。具体的标准包括《关于公共和私人项目的环境影响评价指令》等。

欧盟环境标准有以下三个突出的特点。

第一，充分体现以人为本和保护人类健康的目的。在污染物排放标准中，水污染物排放标准主要针对具有毒性、持久性和生物蓄积性的危险物质，大气污染物排放标准主要对人体健康产生影响的二氧化硫、氮氧化物等污染物规定限值。这些领域污染物的控制都体现了对人类健康的保护。

第二，采取污染控制技术与环境质量要求相结合的标准控制方法。在欧盟，基于最佳可行技术的污染源排放管理与基于环境质量状况的环境质量管理结合得很紧密，在一些不达标地区或环境敏感地区，可能基于环境质量目标提出更严格的排放控制要求。譬如，对水污染物排放而言，针对当地不同的环境条件、不同的污染物类型，排放标准的制定既可能是根据最佳可行技术，也可能是考虑环境质量达标要求，以水环境质量目标值乘以稀释倍数确定。这种方法既保证了污染控制的效果，也增加了灵活性和可操作性，是一种有效的管理方法。

第三，实行多介质的综合污染预防与控制。工业生产活动可能同时对空气、水、土壤环境造成污染。欧盟不仅在空气、水环境领域设置了环境质量目标，还在污染源层面设置了标准，以防止或减少企业向大气、水体和土壤排放污染物，进行综合治理。以《为规定能源相关产品的生态设计要求建立框架指令》为例，该指令要求产品在设计初期应考虑产品生命周期中各阶段对环境因素的影响，如对资源的消耗，预计向空气、水、土壤的排放水平等。

三　环境政策体系建设

1973 年，欧共体出台《第一个环境行动计划（1973—1976）》，把环境议题纳入政策性领域。欧盟至今已完成了 7 个环境行动计划（如表 5 - 6 所示）。环境治理涉及的领域不断扩展、内容不断细化，环境政策向更有系统的框架演变。在前两个环境行动计划期间（1973—1981 年），欧洲环境政策主要由监管干预措施组成，重点针对具体的环境问题，如水质、空气质量、废物处理或物种保护。到了 20 世纪 80 年代，有针对性的政策已越来越不足以解决范围扩大的各种环境问题，如自然资源不可持续利用、化学品污染对人类健康产生影响、生物多样性丧失等。欧盟日益寻求将环境问题纳入其他部门决策，即环境政策一体化。20世纪90年代后期以来，欧盟日益注重更好地了解环境、社会和经济之间的系统性联系，以及政策如何响应这些系统性联系。

欧盟委员会于2013年通过的第7个环境行动计划，为欧盟及其成员国提出了到2020年在环境领域实现的具有约束力的目标，为欧盟环境政策建立了一致性的框架。该计划以一系列战略举措、指令和融资工具为基础，涵盖了几乎所有环境主题领域。该计划制订了2050年愿景，确立了欧盟今后15年的重点环保方向，提出了欧盟将优先发展的九个环境议题：保护和强化欧盟的自然资源；转变经济发展模式；确保欧盟公民免遭与环境相关的健康威胁；增强环境立法的落实力度；巩固环境政策的立法依据；确保环保投资，计算社会活动的环境成本；把环保融入各领域决策，并保持连贯性和一致性；多建生态城市；加强全球性环保合作。

表 5 – 6　　　　　　　　欧盟环境行动计划的发展①

年份	计划名称	内容概况
1973	《第一个环境行动计划（1973—1976）》	这是欧共体第一次将环境保护纳入经济发展的考虑中，是一次根本性的思维变革。行动计划的主要内容是：减少和防止污染及其有害物；改善环境和生活质量；在涉及环境保护的国际组织中采取共同行动。初步确定了欧盟环境保护政策的基本目标和原则
1977	《第二个环境行动计划（1977—1981）》	重新确认了第一个行动计划中的目标和原则，对水、空气和噪声污染领域的控制行为给予某种优先
1983	《第三个环境行动计划（1982—1986）》	欧盟对原有的环境政策进行了变革，将环境政策与共同体的其他政策综合起来，考虑环境政策在经济和社会领域的同等重要意义，并且明确强调了加强环境政策预防性特征的重要性

---

①　一带一路环境技术交流与转移中心（深圳）：《"一带一路"环境政策法规蓝皮书》，2020年。

续表

年份	计划名称	内容概况
1987	《第四个环境行动计划（1987—1992）》	发展和细化了第三个行动计划中的环境政策，强调了环境保护与其他政策（如就业、农业、运输、发展等）的综合必要性，并强调了加强全球合作的必要性
1993	《第五个环境行动计划（1993—2000）》	以可持续发展为中心，对欧盟以往的环境政策做了重大的调整，其目标不再是简单的环保，而是在不损害环境和过度消耗自然资源的条件下追求适度的增长，这种增长不应破坏经济社会发展和对环境资源需求之间的平衡
2002	《第六个环境行动计划（2002—2012）》	重点关注的领域包括：应对气候变化、保护自然和生物的多样性、环境和健康、可持续的自然资源利用与废物管理，为今后 10 年或更长的时期确立了环境保护的目标
2014	《第七个环境行动计划（2014—2020）》	以"利用有限的资源活得更好"为主题，确立了欧盟今后 15 年的重点环保方向，提出了优先发展的 9 个环境议题

四　实践成效与原因

近 30 年来，欧盟在追求生态质量与经济增长相互协调方面取得了良好成效，如图 5 - 1 所示，欧盟人均 GDP 从 1990 年的 1.55 万美元增长至 2018 年的 3.58 万美元，增长幅度超 130%；人均碳排放量从 8.47 吨/人下降至 6.42 吨/人，下降幅度近 1/4。由此可见，欧盟已成功突破环境库兹涅茨曲线的拐点，进入曲线"右侧"区域，即已做到在保持经济增长的同时兼顾改善生态环境状况，有效缓解了经济增长与生态质量的冲突。

然而，当疫情暴发后，欧盟遭遇了抗疫以及经济社会形势动荡等多重严峻挑战，尽管外界对能源和经济绿色低碳转型的经济效率和发展前景持怀疑态度，但欧盟仍然决心继续推进绿色新政，并借助大规模财政计划重塑欧盟经济模式，试图以绿色产业促进引领经济增长。在新形势下，欧盟能否继续成功探索出一条生态质量与经济增长和谐发展的道路，仍需要实践的检验。

　　无论未来发展如何，前期欧盟确实在改善环境方面做出了较好的成绩，在一定时期一定程度上实现了生态质量与经济增长的协调发展，究其原因，主要得益于完善细致的法律体系、经济能动的政策思路以及全面统一的环保标准。

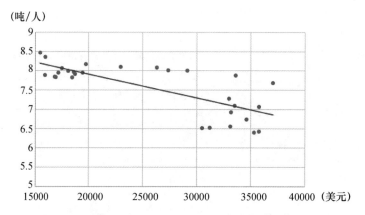

图 5 - 1　1990—2018 年欧盟人均 GDP 与人均碳排放量
资料来源：世界银行数据库。

（一）完善细致的法律体系

　　目前为止，欧盟的环境治理计划卓有成效。在经历了 7 个环境行动计划的实施以及 30 多年的法律法规、标准等制定之后，欧盟已经建立了一套全面的环境保护体系，包括 500 余条指令、大量标准和其他法律形式，涵盖了大量的环境问题，比如应对漏油事故或者森林火灾等，几乎涵盖了环境问题的各个方面。区别于单个问题单独应对的普通立法思路，欧盟选择了更符合环境问题本身的综合立法模式。环境问题本质上是相互关联的，例如，燃烧化石燃料用于运输或能源使用会造成空气和水污染。当空气和水的质量受到破坏时，鱼类和其他水生生物对人类的消费构成危险，作物和森林的生长也将受到损害。因此欧盟制定政策通常以同时管理和解决许多环境问题为目的。

（二）经济能动的政策思路

　　为了更好地应对层出不穷的环境问题，欧盟的立法思路和管理模式发生了转变，由监管为主转向经济促进，以一种更积极的方式鼓励个体和企业加入环保队伍中来。在一些绿色产业上，欧盟具备明显的优势，如 2006—2019 年欧洲离岸风电总装机占全球 75%，2019 年在世界新能源 500 强企业中，欧盟拥有 90 家，包括丹麦维斯塔斯、德国西门子歌美飒等顶级企业。而且，欧盟碳市场是全球建立最早、规模最大、覆盖最广的碳市场。为了应对全球变暖，所有欧盟成员国政府都对其行业的二氧化碳排放量设定了上限，超过上限的公司必须从那些在减排方面取得成功的公司中购买排放指标。这些交易是在欧盟的创新性排放交易计划（Emissions Trading Scheme，ETS）中进行的。ETS 是世界上第一个二氧化碳排放的国际交易系统。它涵盖了约 1.2 万个装置，占欧洲二氧化碳排放量的近一半。排放交易并不意味着新的环境目标，而是旨在以更具成本效益的方式实现《京都议定书》之下的国家承诺。允许公司购买或出售排放配额意味着可以以最低成本实现目标。2021 年，欧盟碳市场碳交易额达 6830 亿欧元，占全球碳市场份额的 90%。

（三）全面统一的环保标准

长期以来，欧盟凭借其遥遥领先的经济实力、生态文明建设大量成功经验，以及其巨大体量带来的磁吸效应，欧盟环境标准的影响力与日俱增。但是，欧盟的环境标准较高，近乎"苛刻"，使得欧盟成为名目繁多的绿色壁垒的起源地。

其中，欧盟现行的《空气质量框架指令》和《关于空气中砷、铬、汞、镍和多环芳烃的指令》设置了自 20 世纪 80 年代初以来欧盟第三代空气质量标准。在实施过程中，起到了以下作用。

第一，各成员国完成了对《空气质量框架指令》和《关于空气中砷、铬、汞、镍和多环芳烃的指令》的国内法转化。2019 年对欧盟法律实施情况的评估中，未见有成员国对这两个指令国内法转化不合规的报告。

第二，提供了清晰的欧盟各类空气污染物质的限制水平。现有的空气质量标准共涉及 13 种污染物：二氧化硫、二氧化氮和氮氧化物、颗粒物（PM10、PM2.5）、臭氧、苯、铅、一氧化碳、砷、镉、镍和苯并（a）芘。这些污染物与空气质量的相关性和经科学证明的有害性通过空气质量标准的设置得到了巩固和加强。对于未包含于空气质量标准的其他空气污染物，如超细颗粒或黑碳，目前关于其有害影响在科学上没有形成定论。

第三，形成了具有代表性的高质量监测网络和可靠、客观、可比的空气质量信息。欧盟成员国根据两指令中确立的监测方法，建立了空气质量监测网络。该网络针对空气质量标准覆盖的特定污染物建立了约 1.6 万个（通常分为 4000 多个监测站组）采样点，并确保了可靠和具有代表性的空气质量数据的产生。该标准的建立促进了整个欧盟客观和可比的空气质量数据和信息的提供和获取。

第四，有利于采取避免、减轻空气污染的行动计划。根据《空气质量框架指令》第二十三条，当污染物水平超过限制或目标值时，各成员国应当为超标的区域制订空气质量改善计划。根据该指令第二十四条，当各项污染物水平可能有一项或多项超标时，成员国应当制订短期行动计划，以减少超标风险。但是根据评估，这两条规定在确保成员国采取充分行动以使空气质量达标并尽可能缩小超标率方面不太成功。虽然各成员国已经采取了减少对空气质量造成影响的行动，超标的数量和幅度在减少，但仍有 20 个成员国至少有一种乃至多种污染物超过限值。

总体来说，相关指令通过国内法转化的方式得到了良好的实施。空气质量标准的实施，明确设定了 13 种污染物的各类限制水平，指导建立了高质量监测系统，便利了与公众进行空气质量数据信息的交流。但是，该标准的实施并没有能够确保成员国采取充分行动以减少超标情况。尽管如此，现有证据表明，空气质量标准的实施促成了空气污染的下降趋势，减少了污染物超标的数量和幅度。

第六章　思想渴求：发展中国家探索生态质量与经济增长协同发展的理论范式

第一节　生态理论思想的启发

环境问题的产生与人类的实践活动紧密相连，环境破坏史与人类文明史基本上是同一的。在漫长的农耕社会里，人类的生产力水平不高、活动规模小，对自然造成的破坏较小，通过人口的转移与迁徙，生态系统能够通过自身的调节能力恢复。到了近代，工业革命的兴起让人类的生产生活发生了翻天覆地的转变，工业革命成为人类环境破坏史的分水岭。环境危机作为现代化过程的负面效应开始备受关注，逐渐由边缘走向中心，生物多样性减少、海洋酸化、臭氧耗竭、化学污染以及大气溶胶负载等无法容忍的环境变化威胁到人类的发展甚至生存。

良好的生态系统是人类赖以生存和发展的必要条件，农业发展是人类文明建设的基础。遗憾的是，农业是全球生态系统最大的威胁之一。经济发展很大程度上依赖于化石燃料的能源供应，化石燃料占全球能源供应量的86%，使用化石燃料产生的排放物几乎可以与农业相媲美，都是全球生态系统的主要威胁。经济发展与生态阈值之间存在着难以调和的矛盾，社会必须另辟蹊径，寻觅经济发展与生态保护共存的道路。

作为对现实问题的理论回应，许多思想家从工业化早期就开始对人与自然关系的断裂进行理性思考，对近代人与自然关系的思维模式进行重新审视。不少思想家认为，环境问题的解决需要重新定位人在自然中的位置，确立人与自然、人与人相处的新模式。人与自然是命运共同体，人类必须尊重自然、顺应自然、保护自然，实现人与自然和谐共生。构建人类命运共同体，契合人类社会的发展需求，为全球治理提供一种可行的范式和路径。

一　马克思恩格斯的生态思想

19 世纪早期，人口快速发展和集聚对自然环境造成很大压力，导致原始自然条件发生变化，不少地区开始显露生态危机迹象。到 19 世纪后期，第二次工业革命使石油等化石能源得到规模化的开发利用，钢铁、化工等重工业也开始迅猛发展，大气、河流、土壤等一系列环境污染问题集中凸显，各种环境灾害事件频发。

马克思恩格斯生态思想主要指向人与自然的辩证统一关系。如恩格斯所说，"人本身是自然界的产物，是在自己所处的环境中并且和这个环境一起发展起来的"[①]。自然环境是人类生存发展的基本条件，是人类的物质产品和精神活动赖以存在的基础，是人类的"无机的身体"。

人类依靠自然而活，所需的物质生产、生活资料只能来自自然，在实践中不断努力认识和改造自然以使其适合人类的发展需要。人类的生产、生活和生存都在自然界中进行，人类与自然环境既相互联系与依赖，也相互独立与共同发展。然而工业革命以来，人们肆意掠夺自然资源，追求财富的扩张，导致人与自然关系急速恶化，生态系统遭到破坏。马克思对共产主义社会的设想包含了人与自然的和谐统一的观念，人与自然、人与人的矛盾得到了真正解决，自然主义的人类和人道主义的自然相统一。

马克思、恩格斯在众多著作中倡导保护环境。在《资本论》中，马克思描述了毒气、污水和噪声污染情况，揭露了资本家破坏生态环境的事实。在《伍珀河谷来信》中，恩格斯通过对曼彻斯特等工业城市的研究，揭露了资本主义工业化对环境的污染问题。在

---

① 《马克思恩格斯选集》（第 4 卷），人民出版社 1995 年版，第 374 页。

《自然辩证法》中，恩格斯批判了美索不达米亚、希腊、小亚细亚等地区农场主毁灭森林的行为，这种行为使得山泉枯竭、洪水泛滥，引发了一系列生态灾难。

关于生态危机爆发的根源，马克思对资本主义制度和生产关系进行了猛烈批判，认为资本家们为追逐剩余价值最大化，最大限度地榨取工人的剩余价值，选择过度开采自然资源，从而造成严重的环境污染并破坏了生态平衡，他们这种狂热追求单一经济利润目标的资本主义生产方式与实现生态环境可持续发展的目标天然对立。他提出要对资本主义的生产方式和整个社会制度进行彻底变革。从社会属性上而言，发展资本经济仍然是资本主义制度生态文明的根本目的，通过改善生态环境来推动制度和经济的变革与发展是重要的变革路径。资本主义制度从本质上说是剥削与被剥削的关系，这种剥削关系导致自然异化和劳动异化，社会公平天然无法实现，物质变换裂缝始终无法弥合。另外，资本主义的本质就是掠夺和扩张，这导致剥削与被剥削在发达国家和发展中国家之间发生，发展中国家成为原料产地和加工厂，被迫承接高污染、高消耗的产业，从而遭受环境污染和生态失衡的双重打击，使原本就贫穷的经济体陷入生态环境恶化的困境中。马克思提出，要从根本上解决异化劳动和异化自然的问题，就必须推动共产主义事业。

马克思认为，物质是运动的，人、自然、社会三者之间存在着物质变换，在物质变换的过程中难免就会产生物质裂缝，这种裂缝对自然产生一定的威胁，要解决物质变换裂缝就必须实行可持续发展模式。从工业文明的角度看，随着生产力的发展，人类加剧对自然的消耗和大量污染物排放到自然，导致在自然和社会领域形成了高消耗、高产出、高排放的物质交换模式。高消耗导致资源过度开发形成资源浪费，高排放导致环境污染造成生态破坏，这种模式就会形成自然和社会领域的物质变换裂缝。从农业文明的角度看，人与自然界之间的物质变换实质是土地与劳动的变换，由于资本主义制度的大土地所有制，导致农村生态环境越来越恶劣，从事农业劳动的人口越来越少，进入城市寻找工作的人越来越多，就会导致农村大量人口流失、农田大量荒芜。马克思指出："物质交换的过程中造成了一个无法弥补的裂缝，于是造成了地力的浪费。"① 要想解决这种变换裂缝就必须在工业领域将高消耗、高产出、高排放的物质交换模式转变为低消耗、高产出、低排放的物质交换模式。马克思肯定了发挥化工技术的作用可以加大技术投入，实施资源的再利用，减少污染和排放，改变城乡生态环境。

二　新自由主义的生态观

新自由主义认为，对自然资源全盘私有化和自然资源彻底市场化是解决生态危机的"灵丹妙药"，主张对资本和市场进行自我调节，如创建碳税和生态税等，以解决经济发展过程中产生的环境问题。新自由主义是对古典自由主义的继承，新自由主义"绿色化"的渊源要追溯到古典自由主义。在古典自由主义的理论传统中，两个重要的理论内核和支柱是私有财产权、自由放任的市场经济。新自由主义只是继承了古典自由主义"环境潜能"的"外壳"，即对自然资源私有产权、市场机制配置的继承，却没有继承古典自由主义"环境潜能"的关键环节。之所以做出这样的选择性继承，是因为新自由主义代表的是资产阶级的利益，却将其解说为为所有人服务。如果以斯密"看不见的手"为理论基础，资产阶级对自身利益的追逐能够有利于增进社会总体利益，那由此而来的逻辑便是，经济政策的制定只要符合资产阶级的利益就可以，就能够增进所有阶级的利益。斯密的"看不见的手"就被引申为新自由主义的"滴漏效应"。具体应用到生态环境治理领域，主张自然资源全盘私有化、配置彻底市场化，就是新自由主义的"绿色化"理念。

私有化是新自由主义最基本的前提和基础。弗里德曼认为，每个人或每个家庭最重要的是追求经济自由，而"企业是私有的"是实现经济自由的必要前提条件。同样，新自由主义主张通过自由市场、自由贸易，而非国家政府干预来解决环境问题，因此，建议将没有确定产权、国家所有、公共所有的森林、河流和野生生物资源，进行私有化和商品化，然后，确定环境服务支付费用，削减环

① 《马克思恩格斯选集》（第25卷），人民出版社1975年版，第916页。

境治理的公共支出，交由地方团体或政府机构对当地的环境进行治理。例如，森林覆盖的蓄水区域，可以建成生态旅游区，或者作为水资源和碳的储藏室，或者作为持续提供木材的来源地，或者作为保护药物价值的生态保护区。然而，环境产品具有整体性的特点，保护好其完整性，才能维护其生态性，当其私有化后，拥有者会致力于追求最大化的个人利益，极可能造成环境资源的过度使用和枯竭，不惜毁损环境的整体性，导致资源、环境的灾难。大卫·哈维曾指出，新自由主义坚持私有化，使得很难建立任何关于森林管理的全球协议……在更为贫穷但是大量拥有森林资源的国家，增加出口并允许外资所有制和特许权的种种压力，意味着甚至最小限度的森林保护也被拆除了。环境系统的复杂性决定了环境产品很难用简单的金钱关系去维护生态平衡，如果环境产品被私有化、市场化，就会涉及市场定价问题、市场竞争定价带来的环境破坏性以及环境破坏后的后知后觉问题，这些都是难以协调解决的问题。例如，北美一些珍贵的鸟类，被设定了高昂的价格，本来是为了保护这些珍贵的鸟类，但现代农业体系的不可遏制的扩张污染破坏了这些鸟类的栖息地，最终这些鸟类还是灭绝了。而且，环境系统的复杂性也使得环境决策的影响结果难以预见。例如，污染物排放总量控制，本意是减少污染物的排放，但实际情况是，本来应该被均匀稀释排放的污染物可能在某一区域内集中被释放出来，使得某一区域的污染物排放更为聚集，很容易超越当地环境生态系统的临界点，导致当地环境系统迅速崩溃，环境一旦破坏，即便花上巨额的代价也难以恢复。例如，水污染会导致湖泊、河流系统生态恶化，不仅会影响湖泊河流的生态系统，也会影响区域内人们的生产生活。自20世纪70年代以来，亚马孙热带雨林的生态破坏，加速全球变暖的步伐，人类赖以生存的氧气已经减少了1/3，随着亚马孙热带雨林消失的生物，也将永久灭绝。因此，必须认识到，环境产品作为一种公共供给，不仅仅是为满足当代人的发展需要而存在的，也是未来人类繁衍生息的物质基础。

三　可持续发展思想

可持续发展思想的出现是源于世界各国对自然环境保护问题逐

步深入研究而提出的。1972年，斯德哥尔摩第一次人类环境会议达成"只有一个地球"以及"人类与环境是不可分割的共同体"的《人类环境宣言》（斯德哥尔摩宣言），要求人类及时采取大规模环境保护行动，不仅要保护当代人生存的自然环境，也要保护能够满足子孙后代发展需求的自然环境。1980年，国际自然资源保护联合会、联合国环境规划署和世界自然基金会联合发表的《世界自然保护大纲》指出，自然环境不仅要满足当代人的最大持续利益，也应满足后代人的需求能力，保护自然环境与可持续发展相互依赖，彼此依存。1987年，联合国世界环境与发展委员会发布报告《我们共同的未来》，指出要促进发展中国家和工业国家的经济增长，提高资源利用率，减少废物产出排放。在此报告中，第一次明确了可持续发展的定义，即"可持续发展是在满足当代人需求的同时，不损害后代人满足自身需求的发展"。1989年，联合国环境规划署发表《关于可持续发展的声明》，指出应建立一种人口、资源和环境都可持续关系，以维护各国经济的持续增长，可持续发展既要能够满足当代人的需要，也不能削弱其满足子孙后代需求的能力。1992年，联合国环境与发展大会提出了可持续发展及行动纲领，呼吁全世界采取与生态环境发展相协调的经济社会发展战略，首次将可持续发展理念转化为具体的行动方案。2002年，联合国召开可持续发展大会，确定人类共同的主题仍是发展，可持续发展与环境、经济和社会密不可分，为推动社会全面发展，需保持可持续良好生态环境以及经济可持续性增长。

可持续发展理论蕴含着公平性、整体性和可持续性三大原则。公平性发展原则，是指注重资源分配的公正性，不仅要遵循人与自然、自然与社会的公平原则，也要促进代内公平、代际公平。整体性原则，是指为实现人类发展整体利益的诉求，需从经济、环境与社会等方面共同协调平衡发展。可持续性发展原则，是其核心原则，指自然环境保护、资源回收利用和生态补偿系统方面都要保证生态发展的可持续性。可持续性发展原则，可细分为经济、人口和资源的可持续发展。经济可持续发展，是指摒弃过去粗放式经济发展，利用科技手段，实现经济效益与污染防治的协调兼顾，实现集约式经济发展。人口可持续发展，是指合理控制人口数量、提高人口质量、优化人口结构。资源可持续发展，是指优化各类能源资源，尽量减少废弃物的排放，努力做到最大限度保护生态环境。即通过经济系统、人口系统、环境系统的良性互动，共同推动人类社会的可持续发展。

四　绿色发展理念

中国古代"天人合一"的智慧，与现代的天人合一观基本一致，追求源于自然、顺其自然、益于自然、反哺自然，人类与自然共生、共处、共存、共荣，呵护人类共有的绿色家园。如老子提出"人法地，地法天，天法道，道法自然"。庄子提出"天地与我并生，而万物与我为一"。张载提出"乾称父，坤称母；予兹藐焉，乃混然中处。故天地之塞，吾其体；天地之帅，吾其性。民，吾同胞；物，吾与也"。老子的论述将人与天地万物看成是一个相互联系的有机整体，认为它们都是由同一宇宙本源所创生的，都是有生命的存在物，相互之间处在一种血肉相依的生态联系中，闪耀着天人合一的智慧。在公元前 200 多年，李冰父子就修建了千年佳作——都江堰。在今天，这仍是一项天人互益之作，完美地体现了"天人合一"思想，即中国的文化要建立在对大自然保有敬畏、亲近之心的基础上，这是中国传统文化的智慧之所在，也是绿色发展理念提出的理想渊源。

国外关于绿色发展的研究，最初是源于对现代工业文明的批判。20 世纪 60 年代，太空飞船经济理论提出利用循环经济解决全球生态问题；70—80 年代，学界又相继提出了稳态经济和绿色经济。联合国世界环境与发展委员会发布的《我们共同的未来》提出了可持续发展战略，将生态问题迅速推向公众视野。21 世纪，环境问题被广泛关注，生态现代化、生态足迹理论、可持续发展的模式、城市可持续发展评估等解决经济发展与环境保护的方案被陆续提出。2012 年，世界银行发布的《环境经济能源报告》提出，有限的自然资产，需要进行核算、投资和维护，以实现包容性增长。绿色发展理念可以看作可持续发展理念的进一步深化与完善。

第二节　协同发展理论创新的尝试

　　人类社会发展的进程离不开经济体系的建立和扩张，更与地球生态文明的建设有着密切联系，二者的发展相互作用和影响。处理与生态环境之间的关系，是人类生存和发展的必修课。自然界是错综复杂的，其复杂程度比人类社会更甚。人类在享受自然界提供的生活、生产资源的同时，应该对自然界心怀敬畏，否则会引起自然界的反噬，自食恶果。恩格斯曾经明确指出："我们不要过分陶醉于我们人类对自然界的胜利。对于每一次这样的胜利，自然界都对我们进行报复。每一次胜利，起初确实取得了我们预期的结果，但是往后和再往后却发生完全不同的、出乎预料的影响，常常把最初的结果又消除了。"① 工业化发展以来，世界各国为追逐高速经济增长，选择牺牲自然生态环境，积累的环境恶果引发了人类生存和发展环境的恶化，地震、山洪、泥石流以及烈度极强的传染病等事件层出不穷，其所造成的各方面损失难以估量。自然界的强力反噬要求我们重新思考探索生态质量与经济增长协同发展的范式。

　　随着全球生态环境问题愈加严峻，人们不仅在努力探索跨越生态质量与经济增长间鸿沟的实践路径，也在不断寻觅生态文明范式转型所需要的理论构建。其中功利主义价值观、劳动价值测度、按劳分配理论、理性预期的非理性、增长理论、社会选择理论等传统、常规的经济学理论，难以从学理上支撑生态文明范式建设的需要。为探寻生态文明建设的理论范式，本书从生态质量与经济增长矛盾关系转化阶段对其理论探索进行分析。

一　生态质量与经济增长的冲突

　　自然生态规律与市场经济规律存在冲突。自然生态规律是自然

---

　　① 《马克思恩格斯文集》（第25卷），人民出版社2001年版，第736页。

现象固有的、本质的、必然的、稳定的联系，具有客观性，不会以人的主观意志为转移。自然生态系统之间具有相互影响、相互依赖的互生、共生、转化与平衡规律，内部有其自身的和谐、平衡、协调机制，但也容易受到外力因素的影响和破坏。人类经济活动应该考虑资源的有限性和环境的承受力，尊重自然，顺应自然，防止因资源环境过度消耗，引发生态系统失衡。市场经济规律是市场经济活动和经济关系内在的价值规律、供需规律、竞争规律，以实现利润最大化为目标。在市场经济规律的引导下能够极大地优化资源配置，提升生产效率，使得资本主义在不到一百年时间创造了巨大的生产力，比过去一切时代所创造的全部生产力都更大。然而，在利润最大化目标的驱使下，无法抑制向自然界无限索取资源的冲动，为最大化降低生产成本，尽可能把生产过程产生的副产品——废气、废水、废渣等污染物外部化。因此，不少发展中国家效仿西方工业化的投资拉动型和"先污染、后治理"的粗放型经济发展模式，一味地追求经济总量增长，不惜消耗自然资源，牺牲生态资源，付出了巨大的环境代价，引发了严重的生态危机。

生态文明建设与区域经济发展不均衡存在冲突。人类活动对环境的压力，与人类对自然资源的消耗量呈正相关。然而，发达国家人口仅占世界人口的25%，消耗了全球75%的自然资源，这种过度消费给全球环境带来很大压力，这种压力往往以常规的贸易方式转嫁给了发展中国家和地区。伴随着生产和生活而产生的有害气体、有毒废水以及工业废渣，比如能源、冶金以及制药等工业的副产品，大多在资源丰裕的发展中国家和地区进行初加工，再运到发达国家供其消费，但产生的废弃物和污染却留在了当地，对发展中国家和地区的环境造成压力。而且，在一个国家和地区内部，存在区域发展不均衡、城乡发展不均衡的问题，也会存在类似污染转移的情况，比如大量生活垃圾在城市的郊区被焚烧、填埋或直接堆放，严重污染了城市郊区的大气、土壤、地表水和地下水系统。

技术创新与劳动者结构性失业存在冲突。在工业文明下，经济增长方式主要是资源投入型；在生态文明下，经济增长方式主要是科技推动型。然而，科学技术是一把双刃剑，广泛应用科学技术，有利于资源的节约，也会产生机器排挤工人的问题，减少劳动力需求。随着生产的发展，资本技术构成和资本技术构成决定的资本有机构成存在不断扩大趋势，将减少资本对劳动力的需求，使得就业岗位不断减少。不仅资本主义市场经济如此，社会主义市场经济也存在这样的矛盾，技术创新可能使得传统产业工人因不适应新兴技术产业发展的需要而被替代，产生结构性失业。

二　生态质量与经济增长矛盾的协调

生态文明建设与经济发展相互依存。提出生态文明，并不是要否定创造巨大物质财富的工业文明，不是否定人的需求，也不是否定经济发展的重要性。生态文明不是凭空而来的，应当是在工业文明满足了人们基本生活需求的基础上，由工业文明经历脱胎换骨的深刻蜕变之后，浴火重生的新型文明。在农业文明时代和工业化初期，物质财富不够丰富、技术创新水平较为有限，人们的基本需求尚未得到有效满足，不可能产生生态文明。生态文明建设源于经济发展，人类社会目前仍处于工业文明时代，走向生态文明时代，这将需要一个漫长的历史过程。工业革命以来，在利润最大化目标的驱使下，人们对自然掠夺式索取并破坏，造成了人类与自然的强烈对抗，并最终影响到人类生存和可持续发展，迫使人们开始反思人与自然的关系，开始为自然立法，生态文明建设顺势而生。经济发展总会带来一定的资源消耗与环境破坏，因此，要实现经济良性的可持续发展，人类社会必须建设生态文明，利用生态文明的理念和原则，去改造和提升工业文明，在推动经济增长的同时，尽可能减少对自然的伤害。

生态文明建设与经济发展相互促进。社会主义的物质文明、政治文明和精神文明建设均离不开生态文明建设，没有可靠的生态保障，没有良好的生态环境，人类的长期发展将会严重受挫，并引发各种社会矛盾和冲突，甚至可能会陷入不可逆转的生存危机。同样，生态文明建设也离不开经济持续发展，而是需要建立在经济发展提供的物质保障基础上。生态文明不是简单的节能减排、保护生态的环境问题，也不是单纯的项目、资金、技术、政策问题，是关于人类生产生活方式改革的价值观问题，是指用生态文明理念和原则改造经济发展方式、社会结构、价值理念，是改变体制、制度和机制，建设一种人与自然和谐、人与人关系和谐的社会，涉及的是经济基础和上层建筑的一场深刻革命。

生态文明建设与经济发展相互统一。生态文明建设与经济发展本身都不是目的，只是满足当代人和后代人生存发展需求、实现人的全面而自由发展的手段。良好的生态系统是人类生存发展的前提条件。经济发展也是为了满足人类的生存发展需要，致力于改善人的生活质量水平。如果经济发展危及人类生存，就偏离了其以人为本的目的，不具有可持续性。

三　生态质量与经济增长矛盾的突破

为探索生态质量与经济增长的突破路径，在理论研究方面，需要将生态质量与经济增长之间内在的紧密联系视为一个整体进行研究。一是深入分析和阐述生态文明对经济发展转变的基本要求，阐述生态文明的建设为何需要摒弃以往粗放型增长模式，转为集约型增长方式。二是系统研究和探讨经济发展方式转变的基本理论，包括经济发展方式的内涵、构成、各要素的关系和作用，从经济发展方式的基本理论视角进一步解释向着符合生态文明要求的经济发展方式进行转变的基本原理和必然性。三是探讨各国经济发展的历史和现实过程中，为推动生态文明建设、经济发展方式转变遇到的各种矛盾与困境。四是探讨从生态文明建设的基本要求出发，根据各国和地区经济发展方式所面临的主要矛盾和困境，结合理论创新、制度创新、技术创新、管理创新等方面建设生态文明并转变经济发展方式的路径。

要解决生态质量与经济增长之间的矛盾，在实践路径方面，需要各国不断探索，寻觅适合本国国情的适宜的路径。首先，要转变发展观念，不能再继续以往"先污染、再治理"的老路，要形成"先保护、后发展"的基本原则，一旦形成这样的意识，将会产生内在的自我约束、自我激励作用。其次，需要给予制度保障，通过明确部分资源环境的产权、制定环境保护法律法规等，从外部形成行为规范、约束和激励。此外，需要创新技术的引领，推动粗放型经济向资源节约型和环境友好型经济转型。

第三篇

生态质量与经济增长矛盾突破：深圳奇迹

本篇导读

　　本篇从深圳突破生态质量与经济增长矛盾的事实和"深圳经验"及其意义价值两个维度来回答生态质量与经济增长关系是如何实现由替代到协同的跨越，以及深圳是如何走出生态质量与经济增长矛盾困境的经验总结。通过数据呈现、计量模型、案例剖析等研究方法，从生态质量与经济增长关系由替代到协同的跨越、走出生态质量与经济增长矛盾困境的"深圳经验"两方面进行深入分析。

　　第七章为生态质量与经济增长关系由替代到协同的跨越，通过使用环境库兹涅茨曲线分析深圳市目前的经济增长与环境质量协调性、选取国内十年间GDP排名前十位的城市的环境质量相关数据进行比较分析，回答在习近平生态文明思想指导下，深圳是如何做到人均收入增长速度、GDP增长速度、创新投入—产出效率优化速度遥遥领先于全国，在保持经济"高质量"发展的同时，深圳是如何有效跨越环境"拐点"，实现绿色GDP、环境治理、降碳减排、绿色金融、人均绿色感知等指标大幅提升，在推动生态质量与经济增长协同发展方面创造"深圳奇迹"。

　　第八章为走出生态质量与经济增长矛盾困境的"深圳经验"，通过前文分析对"深圳经验"进行总结并对其意义价值进行探讨。得出结论："深圳经验"是可供国内复制推广的样本、"深圳经验"是可供发展中国家借鉴的典范、"深圳经验"是实现生态质量与经济增长协调发展的范式、"深圳经验"是对习近平生态文明思想的践行与丰富。

第七章 生态质量与经济增长关系由替代到协同的跨越

在传统区域经济发展模式下，加速增长与生态优化通常会被对立起来，例如以牺牲环境为代价实现工业化、资源依赖下的单一增长模式，都是以过度的资源开发利用为工业化起步，并依赖牺牲环境实现工业化升级。这一过程中，不仅破坏了生态植被，还因排放大量废水、废气、废渣对环境造成严重污染，势必会引发社会公众的广泛关注，甚至引发一轮又一轮越发严重的声讨和抗议。面对持续攀升的社会压力，政府开始以强制手段、法律手段叫停高污染行业发展，并利用现代科学技术手段进行污染治理、生态修复。这种"先污染、先发展、后治理"的增长与生态矛盾普遍存在，全球范围内亟须寻求一个有效的矛盾解决方案。

在习近平生态文明思想指导下，深圳人均收入增长速度、GDP增长速度、创新投入—产出效率优化速度遥遥领先于全国，在保持经济"高质量"发展的同时，深圳有效跨越环境"拐点"，实现绿色GDP、环境治理、降碳减排、绿色金融、人均绿色感知等指标大幅提升，在推动生态质量与经济增长协同发展方面创造"深圳奇迹"。

第一节 经济增长与环境优化的协同轨迹

库兹涅茨曲线是20世纪50年代诺贝尔奖获得者、经济学家库兹涅茨用来分析人均收入水平与分配公平程度之间关系的一种学说。1993年，帕纳约托（Panayotou）借用库兹涅茨曲线将环境质量与人均收入间的关系称为环境库兹涅茨曲线（EKC）。当一个国家或地区经济发展水平较低的时候，环境污染的程度较轻，但是随着人均收入的增加，环境污染由低趋高，环境恶化程度随着经济增长而加剧；当经济发展到一定水平时，也就是说到达某个临界点（或称"拐点"）以后，随着人均收入的进一步增加，环境污染又会由高趋低，其环境污染的程度逐渐减缓，环境质量逐渐得到改善，这种现象被称为EKC。由于EKC所处的阶段一定程度上表现了环境与经济水平的协调程度，本节将使用EKC分析深圳市目前的经济增长与环境质量协调性，从而总结深圳经济与环境的发展特征。

通过对2012—2021年深圳的资源消耗、污染排放等环境指标与GDP等经济指标进行分析后发现，深圳的经济增长与生态质量并不是一直都协同发展，深圳在经济发展之初也曾面临经济增长与生态环境的矛盾。直到2012年习近平生态文明思想的提出给深圳的发展提供了新的指引方向，深圳开始找寻解决经济增长与生态质量矛盾的办法。2012—2021年，深圳经过了近十年的实践，伴随着经济的快速增长，资源消耗逐渐减缓并在2019年出现拐点，资源消耗呈现下降趋势；污染排放随着人均GDP的增长也逐渐好转，大气污染排放等指标已经出现下降态势。由此可见，深圳已然实现了经济增长与生态质量的协同发展。

一　资源消耗增速放缓与经济规模加速增长并存

深圳市总用水量、总能耗已经到达EKC的拐点，正处于随人均GDP增长而下降的阶段，表明目前深圳经济增长对水资源、能源的依赖开始下降，环境质量与经济发展开始趋于协同。

（一）水资源消耗与经济增长

2012—2021年，深圳市总用水量与人均GDP呈现倒"U"形趋势，2019年开始出现拐点。从2012年深圳用水量19.43亿立方米随人均GDP的增加连续攀升，到2019年深圳市总用水量已增至21.06亿立方米，随之开始出现下降态势，按照目前的发展趋势，深圳市总用水量将持续降低（见图7-1）。

（二）能源消耗与经济增长

2012—2021年，深圳市总能耗与人均GDP呈现倒"U"形趋

（亿立方米）

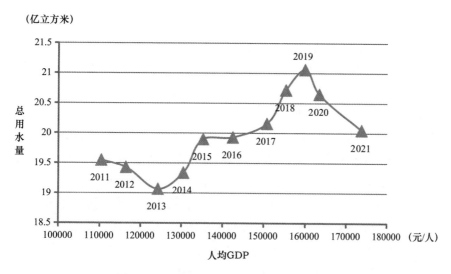

图 7 - 1　深圳市总用水量 EKC 拟合曲线

资料来源：根据《中国城市统计年鉴》《中国城市建设统计年鉴》数据计算所得。

势，2019 年开始出现拐点。2012 年深圳市总能耗为 3507.01 万吨
标准煤，随人均 GDP 的增加持续上升，2019 年深圳市总能耗
4534.14 万吨标准煤达到顶点，随之开始逐年下降，按照目前的发
展趋势，深圳市总能耗会保持稳步下降的态势（见图 7 - 2）。

（万吨标准煤）

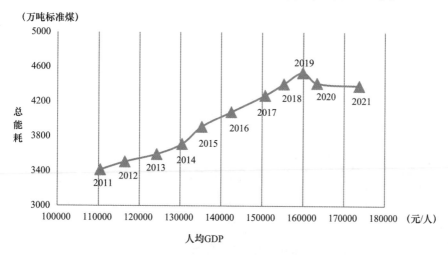

图 7 - 2　深圳市总能耗环境库兹涅茨拟合曲线

资料来源：根据《中国城市统计年鉴》《中国城市建设统计年鉴》数据计算所得。

二 污染排放与经济发展协调性持续优化

随着人均GDP的增加，工业废气总量虽有所增长，但增速已经逐年放缓，且工业二氧化硫排放量、工业氮氧化物排放量、空气中可吸入颗粒物随人均GDP增加已经出现下降态势。可见，深圳经济增长与主要大气污染物排放已经出现"脱钩"迹象，工业废气也即将到达拐点位置，随着经济增长预计会出现下降。随着人均GDP的增加，工业污水排放量、污水处理总量已经出现缓慢下降态势。可见，深圳水污染排放已经到达拐点位置，随着经济的增长预计水污染排放会出现持续下降趋势。虽然一般工业废弃物随着人均GDP的上升仍处于持续上升的态势中，但深圳生活垃圾防治初见成效，自2019年开始生活垃圾清运量随着人均GDP的上升开始呈现下降态势。可见，深圳经济增长与生活垃圾、工业垃圾排放量已出现"脱钩"现象。

（一）大气污染排放与经济增长

2012—2021年，深圳市工业废气与人均GDP呈半倒"U"形趋势，自2012年起深圳市工业废气排放量呈现随人均GDP增加而逐步增加的趋势，按照目前的发展趋势，深圳市工业废气排放量近期仍将随着人均GDP的增加而增加的趋势可能暂时无法得到抑制（见图7-3）。

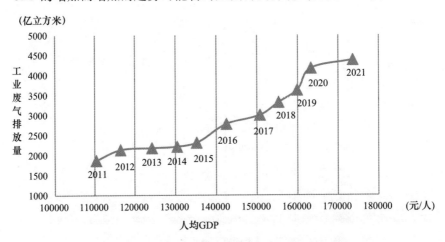

图7-3 深圳市工业废气环境库兹涅茨拟合曲线

资料来源：根据《中国城市统计年鉴》《中国城市建设统计年鉴》数据计算所得。

2012—2021 年，深圳市工业二氧化硫排放量与人均 GDP 呈倒 "U" 形趋势，2012 年工业二氧化硫排放量达到顶峰，开始出现拐点，自 2013 年起深圳市工业二氧化硫排放量随人均 GDP 增加而逐步减少，按照目前的发展趋势，深圳市工业二氧化硫排放量将继续呈现随着人均 GDP 的增加而减少的趋势（见图 7 - 4）。

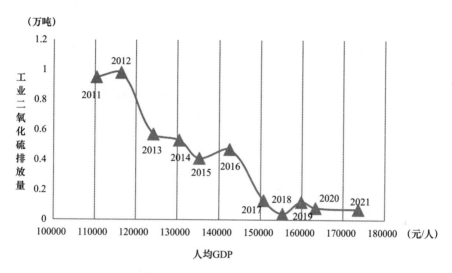

图 7 - 4　深圳市工业二氧化硫环境库兹涅茨拟合曲线

资料来源：根据《中国城市统计年鉴》《中国城市建设统计年鉴》数据计算所得。

2012—2021 年，深圳市工业氮氧化物排放量与人均 GDP 呈半倒 "U" 形趋势，自 2012 年起深圳市工业氮氧化物排放量随人均 GDP 增加而逐年稳步递减，按照目前的发展趋势，深圳市工业氮氧化物排放量将继续呈现随着人均 GDP 的增加而减少的趋势（见图 7 - 5）。

2012—2021 年，深圳市空气中可吸入颗粒物日均值与人均 GDP 呈倒 "U" 形趋势，2013 年深圳市空气中可吸入颗粒物日均值达到顶峰，开始出现拐点，自 2014 年起深圳市空气中可吸入颗粒物日均值随人均 GDP 增加而逐步减少，按照目前的发展趋势，深圳市空气中可吸入颗粒物日均值将持续降低（见图 7 - 6）。

（二）水污染排放与经济增长

2012—2021 年，深圳市工业污水排放量与人均 GDP 呈倒 "U" 形趋

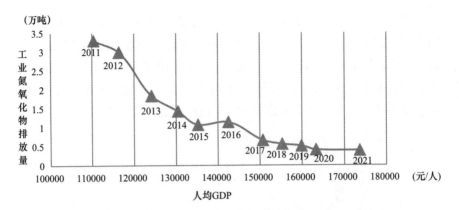

图7-5　深圳市工业氮氧化物环境库兹涅茨拟合曲线

资料来源：根据《中国城市统计年鉴》《中国城市建设统计年鉴》数据计算所得。

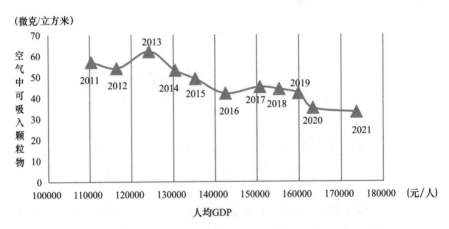

图7-6　深圳市空气中可吸入颗粒物环境库兹涅茨拟合曲线

资料来源：根据《中国城市统计年鉴》《中国城市建设统计年鉴》数据计算所得。

势，2019年深圳市工业污水排放量达到顶峰，开始出现拐点，自2020年起深圳市工业污水排放量随人均GDP增加而逐步减少，按照目前的发展趋势，深圳市空气中工业污水排放量将持续降低（见图7-7）。

2011—2021年，深圳市污水处理总量与人均GDP呈半倒"U"形趋势，2019年深圳市工业污水排放量达到顶峰，开始出现拐点，自2020年起深圳市污水处理总量随人均GDP增加而缓慢递减，按照目前的发展趋势，深圳市污水处理总量将继续呈现下降态势，但

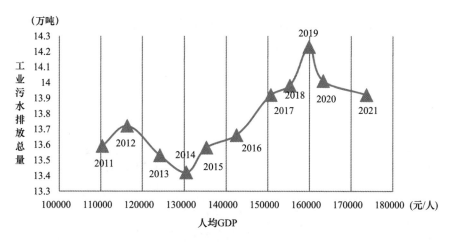

图 7 - 7　深圳市工业污水排放量环境库兹涅茨拟合曲线

资料来源：根据《中国城市统计年鉴》《中国城市建设统计年鉴》数据计算所得。

不排除继续上升的可能（见图 7 - 8）。

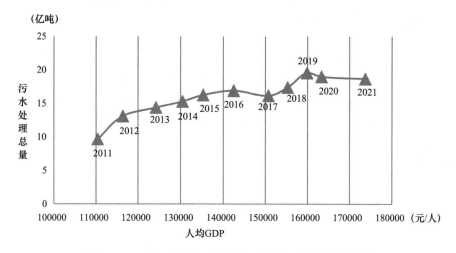

图 7 - 8　深圳市污水处理总量环境库兹涅茨拟合曲线

资料来源：根据《中国城市统计年鉴》《中国城市建设统计年鉴》数据计算所得。

（三）固体废弃物排放与经济增长

2011—2021 年，深圳市一般工业固体废弃物与人均 GDP 呈现"U"形趋势，2011—2015 年一般工业废弃物产生量呈波动下降的趋势，2015 年一般工业固体废弃物 124.63 万吨，从 2016 年开始随着人均 GDP 的上升呈现持续上升的态势，可以看出尚未出现"脱钩"现象（见图 7 - 9）。

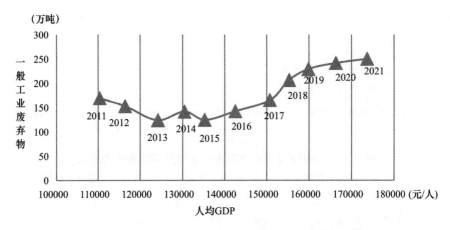

图 7 - 9　深圳市一般工业废弃物环境库兹涅茨拟合曲线

资料来源：根据《中国城市统计年鉴》《中国城市建设统计年鉴》数据计算所得。

2011—2021 年，深圳市生活垃圾清运量与人均 GDP 呈现倒"U"形趋势，生活垃圾清运量从 2011 年的 482 万吨增长至 2019 年的 760 万吨，达到拐点，随之出现下降态势，自 2020 年开始生活垃圾清运量随着人均 GDP 的上升开始逐年下降（见图 7 - 10）。

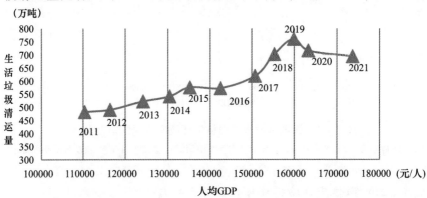

图 7 - 10　深圳市生活垃圾环境库兹涅茨拟合曲线

资料来源：根据《中国城市统计年鉴》《中国城市建设统计年鉴》数据计算所得。

第二节　经济高增长下的环境奇迹

城市作为人类文明和社会进步的象征，是人口、资本、资源、文化、信息等元素在有限地理空间中的高度集聚地，经济增长与发展是一个城市竞争力的基本体现，反映了城市创造价值和增进社会福利的能力。当然，增长的过程必须是可持续的，许多处于快速城市化阶段的城市为了获取比较竞争的优势，以急剧消耗自然资源和牺牲环境为代价换取高速增长，从长期看，这种不可持续的增长模式必将削弱城市竞争力，只有当一个城市的经济增长是环境意义上可持续的，那么居民才可能获得真正生活质量的改善。党的十八大以来，在习近平生态文明思想科学指引下，深圳坚持转型升级、绿色低碳的发展战略，在经济高质量快速增长的同时实现了环境质量的改善，初步探索出一条经济增长和生态质量协同共进的可持续发展道路。

在资源环境约束日益趋紧，生态环境问题频发的背景下，作为经济活动的主要载体和平台，城市在全球活动和区域经济中的地位日益重要，"高耗能、高排放、高污染"的粗放型发展模式已难以为继，作为消耗资源环境的主体，城市的可持续发展对于实现经济发展与资源环境的有机协调，人与自然的和谐共生，推进经济社会的高质量发展具有重大意义。从城市产业绿色转型、绿色空间开发、生态环境修复和空间集约治理四个维度出发，对深圳开展生态文明建设的同时，保持经济高质量快速增长下的环境指标表现进行分析，对解决人民日益增长的美好环境需求和不平衡不充分的发展之间的矛盾，实现经济发展和生态建设的"双赢"具有重要意义。

一　产业绿色重构能力

现阶段中国不仅处于打好污染防治战的攻坚期，还处于经济社会发展的关键转型期。传统粗放型增长方式导致经济发展与资源、环境、生态系统不协调，出现了资源约束趋紧、环境污染严重、生态系统退化等一系列严峻问题。为实现经济发展与生态环境保护的双赢，中国明确提出将生态文明建设放在突出位置，推动人与自然和谐共生的现代化，建立生态环境保护的"倒逼"机制，以节能环保、污染治理等为抓手驱动经济增长动力转换、产业结构转型升级和供给侧结构性改革，减少工业废水、工业二氧化硫、工业氮氧化物排放量，深圳积极优化产业结构，淘汰落后产能，推进经济高质量发展。

　　深圳是国家可持续发展议程创新示范区，在推动城市绿色可持续发展方面肩负试验和示范双重使命，党的十八大以来，深圳市委市政府深入贯彻习近平生态文明思想，坚持转型升级、质量引领、创新驱动、绿色低碳的发展战略，得益于战略性新兴产业的快速增长和制造业的转型升级，2011—2020年，深圳工业废水排放量远低于全国其他经济发达的城市，且下降速度较快（见图7－11）。到

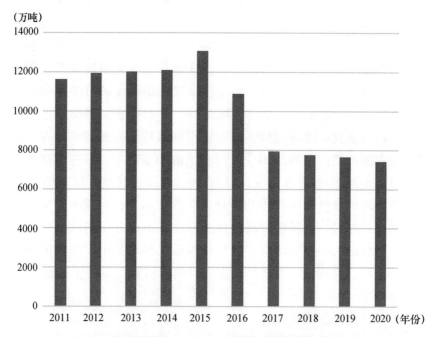

图7－11　2011—2020年深圳工业废水排放量

资料来源：《中国城市统计年鉴2012—2021》。

2020 年，深圳工业废水排放量为 7428 万吨，接近 2011 年深圳工业废水排放量的三分之一。可见，深圳产业结构调整成效显著，当然深圳近年来科学技术的不断进步、工艺设备的不断改进以及环境治理的不断加强也功不可没。

除了工业废水排放量的急速下降，2011—2020 年，深圳工业二氧化硫排放量和工业氮氧化物排放量也同样远低于全国其他经济发展较好的城市。2011—2020 年，全国 GDP 排名前十位的城市工业二氧化硫排放量年平均值为 12.74 万吨，而深圳年均二氧化硫排放量仅有 1.95 万吨，仅为全国 GDP 排名前十位的城市工业二氧化硫排放量年平均值的 15%。全国 GDP 排名前十位的城市工业氮氧化物排放量年平均值为 8.41 万吨，而深圳年均工业氮氧化物排放量仅有 0.61 万吨，仅为全国 GDP 排名前十位的城市工业二氧化硫排放量年平均值的 1/10。此外，二氧化硫也是最常见、最简单、有刺激性的硫氧化物，大气主要污染物之一。深圳二氧化硫排放量规模较全国经济发达城市始终较少，且降幅巨大（见图 7 - 12）。到

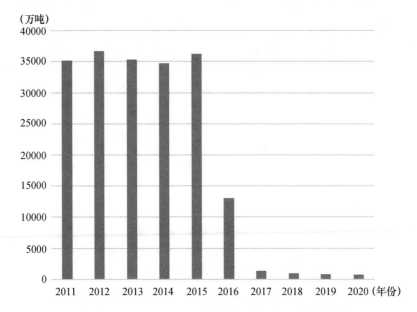

图 7 - 12　2011—2020 年深圳工业二氧化硫排放量

资料来源：《中国城市统计年鉴 2012—2021》。

2020 年，深圳工业二氧化硫排放量为 777 万吨，不到 2011 年深圳工业二氧化硫排放量的 3%。2015 年，深圳市政府深化大气污染源治理工作，妈湾电厂完成所有机组深度脱硫和除尘改造，排放达到燃气电厂标准，逐步实施燃煤发电机组点火"油改气"工程，大幅削减机组启动时污染物排放。不仅如此，还在全市范围内推广应用国 V 车用柴油，对汽油车以及公交、环卫、邮政行业的重型柴油车执行国 V 排放标准等。从数据上可以看出，2016—2017 年连续两年深圳二氧化硫排放量飞速减少，治理成效显著。

细颗粒物指环境空气中空气动力学当量直径小于等于 2.5 微米的颗粒物，它能较长时间悬浮于空气中，其在空气中含量浓度越高，就代表空气污染越严重。2011—2020 年，全国 GDP 排名前十位的城市细颗粒物年平均浓度为 39.4 微克/立方米，深圳细颗粒物年平均浓度仅为 24.25 微克/立方米，远低于全国其他经济发达城市。工业烟尘是指在企业厂区内燃料燃烧生产工艺过程中产生的排入大气的含有污染物的粉尘，往往含有各种金属、非金属细小颗粒物以及碳氢化合物的有害气体。党的十八大以来，深圳一方面推动存量优化，淘汰转型低端企业，另一方面推动增量优质，加快发展战略性新兴产业和先进制造业，促使深圳工业烟（粉）尘排放量一骑绝尘，远远低于全国平均水平，且近年来呈现不断下降趋势，工业烟（粉）尘排放量自 2011 年的 1251 吨降至 2020 年的 561 吨（见图 7 - 13）。除了深圳以外，大多数城市工业烟（粉）尘排放量还处在成千上万的规模体量，仍需实施更严格的环境政策，加快经济结构战略性调整和转型升级。

二　城市绿色领跑能力

城市绿色空间是城市生态系统的重要组成部分，具有调节气候、净化空气、涵养水源、消减噪声和美化环境等功能，也发挥着景观文化、居民休闲等作用。随着环保理念逐渐深入人心，同时，住房和城乡建设部不断推广林荫道路、立体绿化、绿道绿廊和郊野公园等建设，使中国城市绿色空间得以全面拓展。2011—2020 年，深圳绿地面积规模一直位居全国经济发达城市前列，拥有 9 万公顷以上

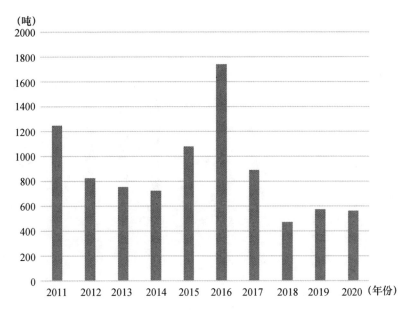

图 7 - 13 2011—2020 年深圳工业烟（粉）尘排放量

资料来源：《中国城市统计年鉴 2012—2021》。

的绿地面积，与其经济发展水平相协同，且处于稳步上升的态势（见图 7 - 14）。随着粤港澳大湾区和先行示范区的建设，深圳将进一步加强城市绿色建设。2022 年 11 月，深圳市政府印发《深圳市关于科学绿化的实施意见》，一方面，立足深圳超大型城市发展阶段和特点，按照科学、生态、节俭的要求，推进全市山水林田湖草一体化保护和系统治理，探索适应深圳地情市情的科学绿化发展之路；另一方面，按照先行示范区的要求，探索科学绿化全链条管理长效机制，为国家提供科学绿化建设管理的深圳样本。

公园绿地面积是指对公众开放，以游憩为主要功能，兼具生态、美化等作用，可以开展各类户外活动的、规模较大的绿地，包括城市公园、风景名胜区公园、主题公园、社区公园、广场绿地、动植物园林、森林公园、带状公园和街旁游园等。按照公园的不同机能、位置、使用对象，可以分为自然公园、区域公园、综合公园、河滨公园、邻里公园等。2011—2020 年，深圳公园绿地面积一直保持在上万公顷，且增速不断提升（见图 7 - 15）。同时，深圳公园绿

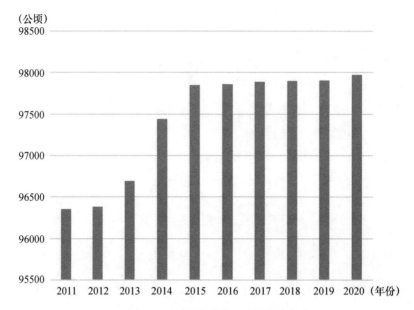

图 7 - 14 2011—2020 年深圳绿地面积

资料来源：《中国城市统计年鉴 2012—2021》。

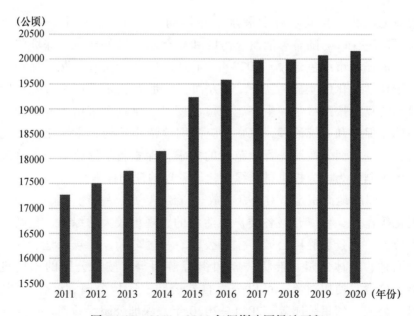

图 7 - 15 2011—2020 年深圳公园绿地面积

资料来源：《中国城市统计年鉴 2012—2021》。

地面积增速远远高于绿地面积增速，人均公园绿地面积显著增加，人居环境不断优化。2022 年 9 月，深圳市城市管理和综合执法局发布《深圳经济特区公园条例（征求意见稿）》，首次为公园专项立法。该条例将所有公园绿地纳入绿线范围，鼓励待建地等建设临时公园，规制噪声、放生、垂钓捕捞等游园行为，为满足打造"公园里的深圳"在法律制度上的需要。此外，城市绿地率指城市各类绿地总面积占城市面积的比率。主要指为城市绿化提供苗木、花草、种子的苗圃、花圃、草圃等圃地，它是城市绿化材料的重要来源。2011—2020 年，全国 GDP 排名前十位的城市年均绿地率为42.53%，而深圳年均绿地率达到44.74%，高出平均值2.21 个百分点，且呈现出缓慢上升的趋势。

为了建设美丽深圳，提升绿地面积，深圳市政府一方面持续保护好城市的绿色生态基底，全面加强树木保护管理，严禁砍伐古树名木，原则上也不得迁移古树名木；另一方面持续推进城市绿化建设，在全市推广种植开花乔灌木，以规模化的花卉种植和高标准的景观设计，将园林花景融入公园、道路、街区等城市空间。保护与建设双管齐下，园林绿化建设不断提升品质，城市环境魅力日趋增强，山海连城蓝图正在变成现实。

三　生态环境修复能力

环境压力直接反映了城市发展对环境系统造成的影响，人类的生产和生活所产生的各类污染物及废弃物排放至生态系统中，如果超过了环境的吸收和降解能力，将使环境系统所能提供的服务和功能持续减少。良好的生态环境是最公平的公共产品，是最普惠的民生福祉。经济发展要强调包容性，从依赖资源和环境的线性增长模式转变为资源节约与环境友好的循环发展模式，提升污染控制和治理能力，降低环境风险和危害，从而增强城市环境的复原力和对经济发展的支撑力。

2011—2020 年，全国城市污水处理能力显著上升，全国 GDP 排名前十位的城市污水处理能力平均达到 392.9 万立方米/日，深圳高于整体平均水平，且呈现逐年稳步上升态势。全国 GDP 排名前十位的城市污水处理厂集中处理率平均水平达到 89.16%，深圳年均污水处理厂集中处理率高达 96.46，高于整体水平 7.3 个百分点。具体来看，深圳污水处理能力经历了初始不强但快速优化的阶段，2011 年深圳城市污水处理能力在 390.0 万立方米/日范围，到 2020 年城市污水处理能力已快速提升至 624.5 万立方米/日，将近翻一番，发展潜力巨大。从污水处理厂集中处理率来看，深圳始终保持在 90% 以上的高处理率，且呈现稳步上升的趋势，自 2011 年的 93.97% 上升至 2020 年的 98.11%，在污水处理厂集中处理率方面起引领作用（见图 7 - 16）。

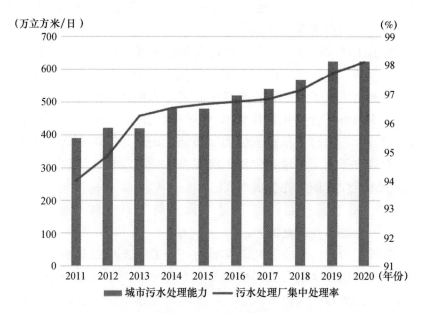

图 7 - 16 2011—2020 年深圳城市污水处理能力和污水处理厂集中处理率

资料来源：《中国城市建设统计年鉴 2012—2021》。

城市生活垃圾处理是城市管理和环境保护的重要内容，是社会文明程度的重要标志，关系人民群众的切身利益。城市生活垃圾无害化处理是通过对城市垃圾进行减量化分选和资源化利用，实现资源的合理循环，近年来各大城市纷纷提升生活垃圾无害化处理能力。尤以北京、上海为先导，2011—2020 年年均生活垃圾无害化处

理能力达到 24471.8 吨/日和 23514.8 吨/日，深圳紧随其后，年均
生活垃圾无害化处理能力达到 15813.9 吨/日。具体来看，深圳生
活垃圾无害化处理能力从 2011 年的 9904 吨/日增长至 2020 年的
25371 吨/日，增幅超过了一倍（见图 7 - 17）。深圳生活垃圾正在
构建"分类收集减量 + 分流收运利用 + 全量焚烧处置"模式，明确
以"源头充分减量，前端分流分类，末端综合利用"为战略思路，
提升生活垃圾无害化处理能力。

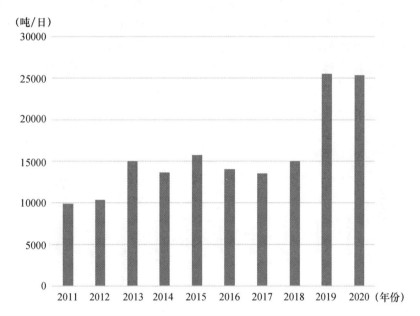

图 7 - 17 2011—2020 年深圳城市生活垃圾无害化处理能力

资料来源：《中国城市建设统计年鉴 2012—2021》。

工业固体废物综合利用率是指工业固体废物综合利用率占工业
固体废物产量的比重，综合利用是工业废弃物综处理最有潜力的发
展方向，全国各个城市工业固体废弃物处理产业正朝资源化利用方
向发展。深圳一般工业废弃物综合利用率全国领先，2011—2020 年
年均工业废弃物综合利用率高达 98.3%，深圳以工业固体废弃物资
源循环利用为发展方向，以打造高端设备为着力点，重点发展电子
垃圾、建筑垃圾分选和综合利用、污泥减量和资源化、有毒有害废

物处置等方面的成套设备，围绕废弃塑料、报废汽车、废旧电子产品和废旧钢铁等重点固废领域，整合利用现有基础设施，利用物联网技术，搭建回收与处理、企业与企业之间的信息共享管理平台。

四 空间有效集约能力

城市轨道交通是绿色交通的关键指标。中国提出到 2025 年打造多模式便捷公共交通系统，深入实施公交优先发展战略，持续深化国家公交都市建设，超大特大城市构建以轨道交通为骨干的快速公交网络，科学有序发展城市轨道交通，推动轨道交通、常规公交、慢行交通网络融合发展，城市轨道交通将成为超大特大城市绿色出行的亮丽风景线。深圳的轨道交通近年来发展迅速，城市轨道交通长度从 2011 年的 155.81 千米增长至 2020 年的 423.47 千米，发展迅猛（见图 7-18）。

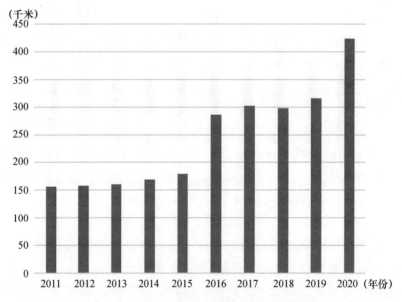

图 7-18 2011—2020 年深圳城市轨道交通长度

资料来源：《中国城市建设统计年鉴 2012—2021》。

城市排水管道是指汇集和排放城市污水、废水和雨水的管渠及其附属的设施所组成的系统网路，是城市基础设施系统中的重要组成部分，对城市可持续发展具有重要影响。深圳建市初期借鉴并采用了苏联的城市建设理念，由于苏联降雨较少，排水管道标准较低，这导致深圳早期排水管道的建设没有充分考虑未来城市发展，在之后的30多年时间里，深圳不断修建城市排水管道，完善城市排水设施。2011—2020年，深圳城市排水管道长度从2011年的10712千米增加到16633千米，有效提升了城市排水能力（见图7-19）。

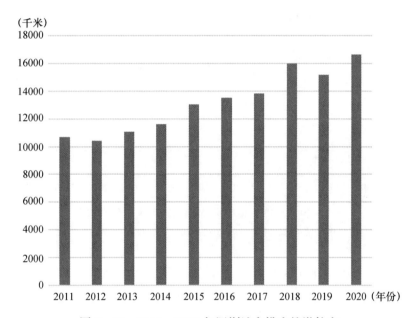

图7-19　2011—2020年深圳城市排水管道长度

资料来源：《中国城市建设统计年鉴2012—2021》。

水是生命之源、生产之要、生态之基，城市在发展建设过程中水资源的治理是重中之重，合理利用水资源，发展节水型城市，统筹规划、加强管理，以逐步解决水资源短缺问题必不可少。衡量城市节水水平的一个重要指标便是城市用水重复利用率，2011—2020年，深圳年均城市用水重复利用率为71.37%，高出全国GDP排名前十位的城市整体平均水平5.46个百分点（见图7-20）。近年来深圳基于现状，不断进行传统工艺改造与新工艺研发，努力发展处理效率高、能耗低、具有独立自主知识产权的节水处理技术，主要围绕水质保证、水质监控、水质模型等方面展开，不断取得新突破。

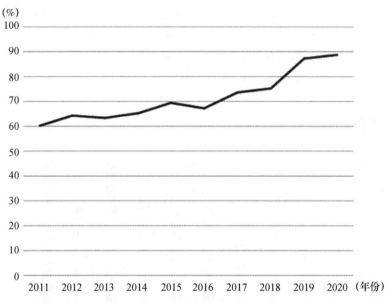

图 7 - 20　2011—2020 年深圳城市用水重复利用率

资料来源：《中国城市建设统计年鉴 2012—2021》。

　　城市节水的进步依赖于技术的发展，而技术的创新依赖于资金的投入。近年来，深圳不断加大节水措施投资总额，加大对关键共性技术和设备的研发，以推动技术创新成果转化应用为主线，加强已有创新载体建设，新建一批国家级、省市级创新载体，充分发挥产学研资联盟的作用，推动组织管理、公共服务平台、区域合作机制等方面的创新，完善技术创新体系，积极开展关键核心技术攻关；以改善水资源化利用率为目标，支持研发城市生活污水脱氮除磷深度处理、重金属废水处理、高浓度难降解有机废水处理、低冲击开发、膜处理、工业园区废水集中处理、水体综合治理与修复技术和设备；开发水处理的高效絮凝剂、沉淀剂、吸附剂和高性能膜分离材料等；支持发展膜组件、高压泵、能量回收装置等关键部件及系统集成技术，大力推动水处理产业创新、集聚、跨越发展。

2016—2020 年，深圳节水措施年均投资总额达到 9.52 亿元，居全国领先地位。其中，在 2019 年达 10.24 亿元，首次超过 10 亿元。到 2020 年，深圳节水措施投资总额已增长至 11.15 亿元。

第三节　环境质量改善下的可持续发展能力建设奇迹

城市可持续发展是一种新的发展理论和发展观，城市可持续发展理论主要在城市自身发展理论的基础上，吸收了可持续发展研究中协同论、系统论、生态学理论和控制论的思想，衍生和发展了城市多目标协同论、城市生态学理论、城市发展控制理论的思想，指导城市可持续性研究。当前，国外的城市可持续发展研究已经基本揭示了城市发展过程中经济、环境与社会之间的复杂关系，这种复杂关系构成了城市可持续发展的动力过程和制约因素。

环境质量改善下的可持续发展能力建设奇迹指在一定的环境质量改善条件下，支撑城市发展的各系统与城市功能之间相互协调，实现城市运行高效、经济繁荣、生态优良、生活宜居、社会公平和文化和谐，能够为居民提供可持续福利且不给后代遗留负担的城市建设。建设可持续城市是一项极为复杂的巨大系统工程，可持续城市的关键要素可以归结为城市社会发展力、经济结构调整力、技术进步创新力三个维度，并以此为基础创建包容性、多样性的可持续社会，形成一个更高效、更清洁、更适宜居住的城市区域。在对深圳开展生态文明建设的同时，保持经济高质量快速增长下的经济发展指标表现进行分析，探索经济转型升级、低碳发展、提高资源环境的使用效率协同的发展路径。

一　城市社会发展力

随着城市化的推进，城市成为研究生态系统服务和危害的核心。生态城市是一个可自我维持、具有弹性结构和功能的人居环境，它让保护地球环境的可持续生活方式及公平、正义等社会根本准则都得以实现。生态城市具有较强的社会发展力，在城市人口密度、人均道路面积、建设用地面积、工业用地等方面具有较强的发展潜力。2011—2020 年，深圳年均人口密度为 5921.9 人/平方千米，且处于稳步上升过程中（见图 7－21）。城市化的进程从本质上来说就是人口密度的不断提升，同时人口密度的增长也从侧面反映出深圳对于外来人口有着强大的吸引力。

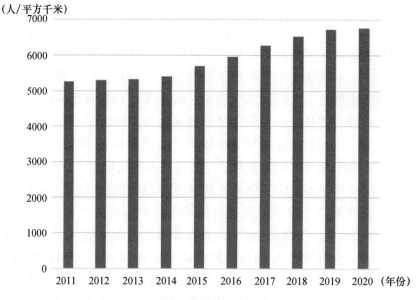

图 7－21　2011—2020 年深圳人口密度

资料来源：《中国城市统计年鉴 2012—2021》。

人均城市道路面积指城市人口占用道路面积的大小，能反映一个城市交通的拥挤程度。2011—2020 年，深圳人均城市道路面积年均 9.71 平方米/人，总体维持在平稳水平。其中 2020 年，深圳人均城市道路面积为 9.11 平方米/人（见图 7－22）。当城市人口规模达到一定水平时，居住拥挤和交通拥堵等"大城市病"日益严重，此时人口密度与人均城市道路面积都将成为政府重点关注的指标之一。深圳在保持人口密度持续上升的同时，控制人均城市道路面积不持续走低，表明深圳的城市规划与城市道路建设的规范性、合理性以及可持续性。

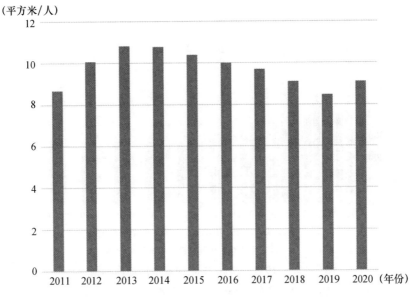

图7-22 2011—2020年深圳人均城市道路面积

资料来源：《中国城市统计年鉴2012—2021》。

    2011—2020年，深圳年均城市建设用地面积达到903.13平方千米，城市建设用地面积从2011年的834.1平方千米逐步上升至954.1平方千米，但增速逐年递减。深圳年均工业用地面积达到313.63平方千米，工业用地面积从2011年的398.2平方千米下降至2020年的274.4平方千米，呈现下降趋势。年均工业用地占城市建设用地面积比重高达35.02%，工业用地占城市建设用地面积比重从2011年的47.74%降至2020年的28.66%，降幅较大（见图7-23）。深圳把一般工业加工项目向都市圈其他城市转移，腾出部分低产能工业用地建设高端国际型综合服务项目，尽管工业用地占城市建设用地面积比重大幅下降，但工业用地效率却得到了最大化的利用。

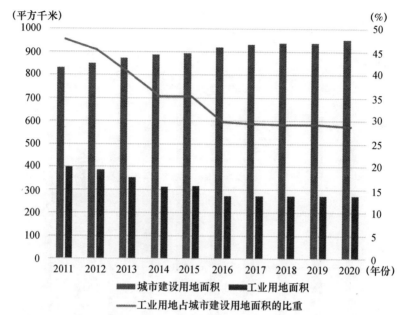

图 7 – 23　2011—2020 年深圳城市用地面积情况

资料来源：《中国城市建设统计年鉴 2012—2021》。

二　经济结构调整力

2011—2020 年，深圳经济发展水平不断提高，从 GDP 规模来看，深圳年均 GDP 达到 1.93 万亿元，超 1 万亿规模。从 GDP 增速来看，深圳年均 GDP 增速超过 8%。结合 GDP 规模和 GDP 增速，深圳在全国均位于前列，实现了高规模下的高增长。具体来看，深圳 GDP 规模从 2011 年的 1.15 万亿元上升到 2020 年的 2.77 万亿元，年均增速高达 8.49%，展现出巨大的发展潜力（见图 7 – 24）。从人均 GDP 规模来看，深圳人均 GDP 规模从 2011 年的 11.04 万元/人增长至 2020 年的 15.93 万元/人，在全国主要城市中也位居前列，这表明深圳的城市综合实力、社会生产力以及城市居民生活水平都得到了进一步的增强（见图 7 – 25）。从第二产业增加值占 GDP 比重来看，深圳年均第二产业增加值占 GDP 的比重达到 41.72%，第二产业增加值占 GDP 的比重从 2011 年的 46.44% 降至 37.78%，第二产业增加值占 GDP 的比重的下降给深圳实现产业结构升级带来了新的机遇与挑战，推动战略性新兴产业发展，尤其是促进绿色低碳产业的发展是破局产业外溢所导致的产业"空心化"问题的关键（见图 7 - 26）。

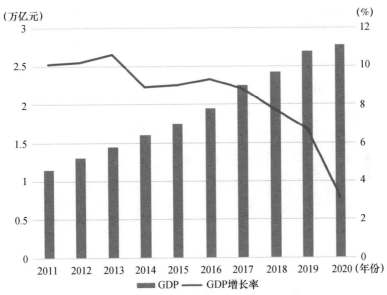

图 7 - 24 2011—2020 年深圳 GDP 及其增长率

资料来源：《中国城市统计年鉴 2012—2021》。

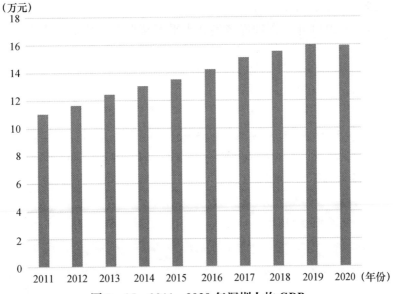

图 7 - 25 2011—2020 年深圳人均 GDP

资料来源：《中国城市统计年鉴 2012—2021》。

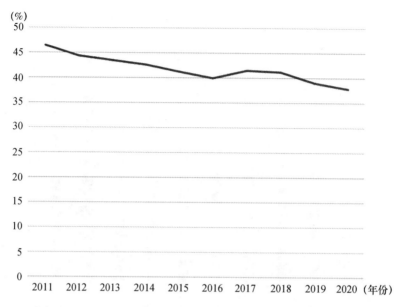

图 7-26 2011—2020 年深圳第二产业增加值占 GDP 的比重

资料来源：《中国城市统计年鉴 2012—2021》。

　　此外，从规模以上工业企业数来看，2011—2020 年，深圳年均规模以上工业企业数达到 7505 个，规模以上工业企业数从 2011 年的 5692 个提高到 2020 年的 11255 个，企业数量不断上升（见图 7-27）。可见，深圳制造正在保持稳健前行，并向高质量发展迈进，不断夯实深圳经济发展的"基本盘"。从公用设施建设固定资产投资额来看，2011—2020 年，深圳公用设施建设固定资产投资额从 2011 年的 187.59 亿元提升至 2020 年的 505.33 亿元，增幅超一倍（见图 7-28）。可见，深圳市政工程容量不断增加，城市功能得以大幅度提高。

三　技术进步创新力

　　科技进步是经济增长的源泉，也是维系一个城市竞争力的核心动力。在绿色发展的新时代，科技创新有助于城市现有经济的转型，使传统经济从依赖资源和环境的线性增长模式转变为资源节约与环境友好的循环发展模式，核心是通过技术升级改善资源效率，

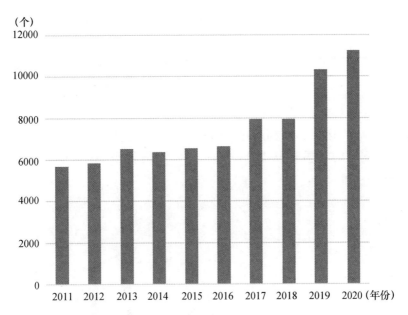

图 7 - 27　2011—2020 年深圳规模以上工业企业数

资料来源：《中国城市统计年鉴 2012—2021》。

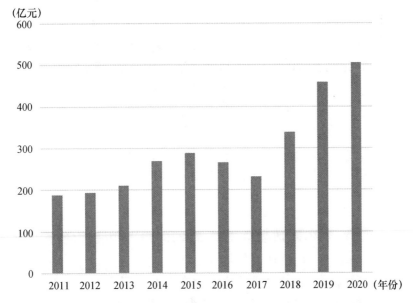

图 7 - 28　2011—2020 年深圳公用设施建设固定资产投资额

资料来源：《中国城市建设统计年鉴 2012—2021》。

提升污染控制和治理能力、降低环境风险和危害、恢复和改进自然资产存量等。2011—2020 年，深圳不断增加科学技术支出，已远远超过全国绝大多数城市，支出规模也已达到百亿级别，年均规模达到 278.69 亿元，占地方一般公共预算支出的比重为 7.81%。具体来看，深圳科学技术支出规模从 2011 年的 70.49 亿元上升到 2020 年的 336.63 亿元，增幅超过 3 倍；同时科学技术支出占地方一般公共预算支出的比重也从 2011 年的 4.43% 增长至 2020 年的 8.06%（见图 7－29）。

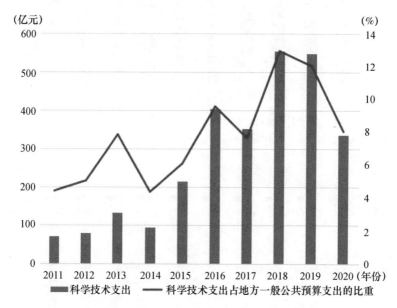

图 7－29 2011 2020 年深圳科学技术支出及其占地方
一般公共预算支出的比重

资料来源：《中国城市统计年鉴 2012—2021》。

近年来深圳不断加强科技创新，加大人才吸引力度，2011—2020 年，深圳年均 R&D 人员规模达 28.14 万人，位于全国主要城市前列，远高于全国整体平均水平。在专利情况方面，2020 年，深圳专利授权数达到 22.24 万件，发明专利数达 3.11 万件，均居于全国领先地位（见图 7－30）。对于深圳在专利情况等方面的突出表现，深圳知识产权主管部门做了很多开创性的工作，不断完善知识产权创造、运用、保护、管理和服务体系，持续推动优化营商环境改革，鼓励创新驱动发展，从政策集成到配套支持，投入力度非常大，为企业发展营造了良好的知识产权环境，同时也为深圳实施创新驱动发展战略、开展生态文明建设提供了有力的支撑。

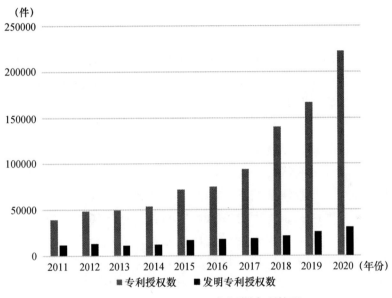

图7-30　2011—2020年深圳专利情况

资料来源：《中国城市统计年鉴2012—2021》。

第八章　走出生态质量与经济增长矛盾困境的"深圳经验"

2012—2021 年，深圳在协调增长与生态矛盾的过程中，有效践行习近平生态文明思想。坚持政府引导，明确企业主体责任，加强部门协调配合，加强环境信息公开和舆论监督，动员全社会参与环境保护，探索以市场化手段推进环境保护；坚持科学发展，加快转变经济发展方式，以资源环境承载力为基础，在保护中发展，在发展中保护，促进经济社会与资源环境协调发展；坚持以人为本，将喝上干净水、呼吸清洁空气、吃上放心食物等摆在更加突出的战略位置，切实解决关系民生的突出环境问题，逐步实现环境保护基本公共服务均等化，维护人民群众环境权益，促进社会和谐稳定；坚持从源头预防，把环境保护贯穿于规划、建设、生产、流通、消费各环节，提高治污设施建设和运行水平，加强生态保护与修复，提升可持续发展能力；坚持将解决全局性、普遍性环境问题与集中力量解决重点流域、区域、行业环境问题相结合，建立与经济发展现实相适应的环境保护战略体系、全面高效的污染防治体系、健全的环境质量评价体系、完善的环境保护法规政策和科技标准体系、完备的环境治理和执法监督体系、全民参与的社会行动体系。

"深圳经验"是可供国内复制推广和发展中国家借鉴的可行方案。深圳在走出生态质量与经济增长矛盾困境中形成的一系列先行先试经验，对全国其他地区的经济增长与生态建设协同发展具有理论借鉴价值和现实参考意义，有助于推动绿色发展和美丽中国建设，向世界和广大发展中国家呈现出人与自然和谐共生的现代化成功经验和光明前景，为解决人类发展问题贡献出别具特色的中国智慧和中国方案。

"深圳经验"是对习近平生态文明思想的践行与丰富。深圳坚持守住发展和生态两个底线，着力推动发展理念变革，以发展战略呈现发展理念、以制度创新为理念发展的载体，依托一系列的发展举措推进生态文明建设，构建完善的环境治理体系实现生态文明目标，践行了习近平生态文明思想，丰富了生态文明建设理念和生态治理体系内涵，深化与拓展了资源约束下的增长与发展理论。

第一节　"深圳经验"是可供国内
复制推广的样本

深圳作为走出生态质量与经济增长冲突困境的奇迹，对国内目前仍深陷生态环境与经济增长矛盾的城市具有示范引领作用。深圳已形成将生态文明建设融入经济建设、制度建设、文化建设以及社会建设全方位体系，是国内其他城市实现生态环境和经济增长协同发展可复制推广的样本。

2021 年 7 月，《国家发展改革委关于推广借鉴深圳经济特区创新举措和经验做法的通知》提出推广深圳经济特区有关创新举措和经验做法共五个方面 47 条，主要包括建立"基础研究 + 技术攻关 + 成果产业化 + 科技金融 + 人才支撑"全过程创新生态链、建立健全促进实体经济高质量发展的体制机制、构建以规则机制衔接为重点的制度型开放新格局、创新优质均衡的公共服务供给体制、创新推动城市治理体系和治理能力现代化等。将这些创新举措和经验做法与前文所述深圳实践整合归纳，形成如下"深圳经验"。

一　多力并举提高限排门槛，实现产业生态化

深圳加快建立健全以产业生态化和生态产业化为主体的生态经济体系，以此作为突破生态质量与经济增长矛盾的关键。全面探索与持续推动绿色发展经济结构是建设生态文明的根本出路，这一过程由资源节约与高效利用下的产业生态化改造、资源节约与生态环保下的生态产业化应用共同构成。

具体地，深圳成立城市流域管理机构，统筹"厂、网、河"等

涉水全要素，联合调度水质净化厂、管网、泵站、水闸等设施，对流域涉水事务实行统筹协调、统一管理和精准调度。制定《深圳经济特区排水条例》，采取"排水户分类管理""排水管理进小区"等先进排水精细化管理举措，打通排水管网管养的"最后100米"。此外，深圳在全国率先实现公交车和巡游出租车全面纯电动化、环卫车及牵引车等纯电动重卡规模化和商业化推广，率先全面实施公共机构合同能源管理，新建公共建筑100%执行绿色建筑标准。

二   建立健全法制规划体系，引导城市绿色发展

深圳加快建立健全以治理体系和治理能力现代化为保障的生态文明制度体系，以此作为突破生态质量与经济增长矛盾的保障。在体现"源头严防、过程严管、后果严惩"思路的生态文明制度的"四梁八柱"基本形成后，通过补齐制度短板、提升治理能力、狠抓落地见效，将生态文明制度体系改革落实全面铺开。深圳按照"山水林田湖草沙冰是生命共同体"的原则，凭借"规划与政策导向，生态修复、保护和监管制度，全民参与行动制度"，将生态文明建设纳入经济社会发展全过程和各方面。为确保生态文明制度能最有效地导引发展思路、发展方向、发展选择，制定过程中注重基础研究夯实、深入开展多项专题研究，注重从筛选一流到构建体系，再到横向比对的精准研判，注重开门问策、集思广益、百家争鸣、问计于民，注重部门间、区域间、项目间、政策间的沟通衔接与协同布局。

具体地，深圳坚持以习近平生态文明思想为指导，践行"绿水青山就是金山银山"理念，用最严格制度、最严密法治保护生态环境，创新构建生态文明制度体系，超常规补齐水污染治理短板，深入实施"深圳蓝"可持续行动，编制国内首个土壤环境背景值地方标准，开展国家"无废城市"建设试点，成为首个成功创建国家生态文明建设示范区的副省级城市。

三   构建生态文化氛围，形成自主良化机制

深圳加快建立健全以生态价值观念为准则的生态文化体系，以此作为突破生态质量与经济增长矛盾的基础。对于市—区—街道三

级党委政府及其工作部门、社会公众、市场主体、社会团体组织、教育与研究机构，按照不同的侧重点和基本要求，在适宜的时间给出适宜的任务使命，树立尊重自然、顺应自然、保护自然的社会主义生态文明观，坚决杜绝与改变盲目的、凌驾于自然之上的"征服自然"的观点。在此价值观的指引下，经济社会发展主体普遍形成文化自觉的行为方式。其中，深圳各级党委政府及其工作部门，率先在资源节约和生态环保这一刚性约束下决策与管理社会经济发展；社会公众大幅提高生态环境保护认知，普遍呈现资源节约和生态环保的生活方式与消费理念；不同规模、不同所有制、不同治理结构的企业，均不断增强生态环境保护遵法守法意识与社会责任感。

具体地，深圳建立"党建＋科技＋治理"多元共治模式，将职能部门垂直管理的网格员、安全员、消防员、治安员、市容巡查员五支队伍整合下沉到社区，打造联勤联控平台。成立党组织联席会统筹辖区党支部和社区企事业单位党组织，创新居民诉求"你来@我来办""民生七有"资源"码上办"等智慧服务，创建社区居民"共享会""暖心柜"，引导居民以志愿服务互帮互助。通过社区数字治理指挥中心对接整合辖区各子系统和智能感知设备，实时掌握全域动态数据、居民诉求和反馈情况，形成社区党组织领导、社区居民委员会负责、驻区单位协同、群众广泛参与、科技支撑赋能的基层治理格局。

四　全方位无死角治污，打造绿色营商环境

提高生态产品供应能力、实现生态产品价值，是平衡经济发展与生态环境保护关系的根本途径。生态产品的重要基础生态功能，包括维系生态安全、提供良好生态环境等生态调节服务价值实现，属于典型的公共物品供应，生态产品的公共物品特征决定了需要通过非市场方法解决其供给问题，充分发挥政府作用，基于公共性生态产品在经济社会安全发展中的基础性、公益性作用，深入推进生态产品价值实现的政策、资金、组织和考核等工作，确保发挥持续有效的激励作用；同时还需要发挥市场作用，探索政府主导、企业和个人参与、市场化运作的良性机制，不断通过生态创新提升生态

产品质量，加速完善生态产品价值实现。

　　具体地，深圳开展"无废城市"建设，推行"集中分类投放 +
定时定点督导"垃圾分类模式，按照"大分流细分类"原则，基本
建立覆盖全市的垃圾分类收运体系，生活垃圾回收率达42%；采取
去工业化理念设计垃圾焚烧厂，设置循环再生博物馆、休闲驿站等
惠民设施，打造集"生活垃圾焚烧发电 + 科普教育 + 休闲娱乐 + 工
业旅游"四位一体的能源生态园，增强群众接受度，解决垃圾处理
设施选址难、落地难等问题。此外，深圳率先构建"自然公园—城
市公园—社区公园"三级公园建设体系，在城市中央构建各具特
色、定位鲜明的综合公园，将可用的绿地、住宅区边角"见缝插
绿"形成社区公园，将城市近郊山体绿地转化为郊野公园、森林公
园，建成"千园之城"，让市民群众出门 500 米可达社区公园，
2000 米可达城市综合公园，真正实现推窗见绿、出门见园。

第二节　"深圳经验"是实现生态质量与经济增长
协调发展的范式

　　科学认识生态质量与经济增长的辩证统一关系。保护生态环境
就是保护生产力，改善生态环境就是发展生产力，建设生态文明、
推动绿色低碳循环发展，不仅可以满足人民日益增长的优美生态环
境需要，而且可以推动实现更高质量、更有效率、更加公平、更可
持续、更为安全的发展，走出一条生产发展、生活富裕、生态良好
的文明发展道路。经济活动涉及各行各业，如工业、农业、交通
业、建筑业、能源业等，对生态系统的利用或依托过程中，长期以
来未能很好地解决经济活动对生态修复系统、反哺生态系统、提升
生态系统的功能。主要是人类活动和社会发展导致了生态系统的变
化。习近平生态文明思想从思想层面指明了道路，生态和经济结
合，形成生态经济力量，成为实现生态文明的方法或重要推动力。

　　深圳经验是变矛盾为协调的经验，有效诠释了生态质量与经济
增长协同发展"为何、为谁"的根本动因，明确了生态质量与经济

增长协同发展"谁来干、怎样干"的方式方法，解答了生态质量与
经济增长协同发展"是什么、干什么"的价值属性。一方面为中国
其他城市实现生态质量与经济增长协同发展提供可推广借鉴的"深
圳经验"，发挥深圳先行先试、区域协同、示范带动作用；另一方
面为发展中国家如何跨越生态质量与经济增长间的替代鸿沟输出理
论、模式与经验，提供"中国智慧"。

一　聚焦生态经济创新治理模式

在肩负经济社会发展和生态文明建设双重任务使命中，势必面
对城市建设的更高要求与更为尖锐的实际问题，这就是发展"＋生
态"向"生态＋"转化的关键。所谓"＋生态"战略就是通过划定
生态保护红线，提升林、水、湿地等生态资源比重，强化生态网
络、生态节点建设以及系统性生态修复工程等措施，不断厚植生态
基础，在自然生态意义上做到世界级的水准；而"生态＋"战略致
力于提升人口活力、培育创新产业体系、提升全域环境品质等，在
经济发展、宜居品质、资源利用等方面探索生态文明发展新路径，
彰显生态价值。

深圳国际低碳城案例揭示了"生态＋"全方位治理能力提升的
成功要素和可复制性条件，将低碳城市规划设计、低碳建筑、低碳
交通、低碳能源、低碳公共意识和行为方式融会贯通，打破传统的
新建区域"孤岛"模式，注重产业功能、空间功能、城市功能，有
别于其他的"生态城"。从项目起源看，深圳国际低碳城建设背后
有城市经济发展战略的考量，也是在低碳领域探索国际合作的一个
重要成果，于2012年8月21日正式启动；从管理与保障上看，鉴
于涉及生态敏感区内的城市更新项目，设立低碳更新专项资金，保
障了公共利益的落实和生态本底的维系，并以专项资金发挥杠杆作
用撬动社会投资参与；从前沿技术领域看，强调最新的低碳技术的
研发与应用，吸引国际上有实力的以及国家级的低碳技术研发中心
落户；从产业选择看，强调新进入的产业要有更高的低碳标准，形
成以低碳排放为特征的产业体系，推动"低碳—高增长"发展模式
成为现实，注重碳核查、碳审计、碳足迹、碳金融、碳交易一条龙

"碳产业链"综合配套；从低碳更新模式看，积极推动建筑高质量地区在现有基础上的功能改变和综合整治，以重大项目建设和选址为依托，拆除或重建低质量、低强度地区，对于高密度建筑进行技术性节能整治，对低密度建筑进行功能性置换改造，最终将其更新成为低碳文化创意建筑、低碳产品专业市场、低碳公寓；从多方主体参与看，在社区、企业、家庭、个人间建立一系列激励机制，撬动多方主体参与热情，启动寻找"十百千万示范工程"，即十个低碳示范社区、百个低碳示范企业、千个低碳示范家庭、万个低碳示范个人；从区域联动看，深圳国际低碳城在深莞惠一体化发展格局下有条件成为发展主轴线上的重要产业功能区，其建设不仅符合全球环保理念，为全国各城市产业低碳转型升级提供示范，创立和巩固深圳在全国乃至国际范围内发展低碳经济的龙头地位。

面对前进中的困难、发展中的矛盾，深圳坚定自信、保持定力、改革创新、共建突破。按照"一张蓝图绘到底、一件事情接着一件办、一年接着一年干"，将合理使用行政手段、善于利用市场手段、恰当行使法律手段、充分利用科技手段、巧妙运用区域联动手段，推进"全区域管控、全方位定标、全过程植入、全域性铺开、全社会参与、全周期维护、全链条培育"生态质量与经济增长协同发展全方位治理模式，跑出"生态＋"深圳发展加速度。

二　强化制度优势实现协调发展

世界上许多国家包括一些发达国家，经历过"先污染后治理"，在发展过程中把生态环境破坏了，要进行生态修复，成本比当初创造的财富还要高。人类的生活和生产不能没有清新的空气、清洁的水和肥沃的土壤。为拯救被破坏的资源，恢复其使用价值，清除对空气和水的污染，治理已破坏的土地，需要付出巨大的经济费用和社会劳动。其实，在当前环境治理中存在的很多问题恰恰缘于生态文明制度体系不够健全、完备与系统化。传统环境保护存在"要素式""环节式""领域式"管理的特点，在环境要素、环境领域的对象管理上存在分散化的缺陷；在环境部门的管理上存在职能交叉、重叠、冲突或脱节等问题，如环境影响评价、总量核查、执法部门等各职能部门各执一端；在环境问题的解决上，存在短期性和暂时性的缺陷，缺乏贯穿始终的过程式管理，缺乏对环境治理效果和生态修复结果的后继监督和追加评价。鉴于此，深圳在 GEP 核算制度、生态控制线管理制度、生态补偿制度、生态修复制度等方面，率先实践、率先探索，以制度创新平衡生态目标与增长理性。

在 GEP 核算制度方面，深圳率先转变观念，不再一味地以国内生产总值增长率论英雄，试点实施 GDP 与 GEP 核算"双轨制"。把资源消耗、环境损害、生态效益等指标纳入评价考核体系，建立体现生态文明要求的目标体系、考核办法、奖惩机制，把生态环境质量优劣放在经济社会发展评价体系的突出位置，并成为推进生态文明建设的重要导向和约束条件。在生态控制线管理制度方面，深圳紧跟形势变化，从健全基本生态控制线共同管理机制、完善基本生态控制线内各类信息统计调查机制、建立基本生态控制线分区管制制度、制定基本生态控制线内新增建设活动管理和动态优化调整制度等方面推进生态控制线管理制度改革，不仅推动了管理职责分工清晰化、摸清家底为后续精细化管理提供有力支撑，更是向建立健全精细化、差异化的城市生态空间分级管理制度目标的实现迈进了一大步，很好地处理了保护与发展的关系。在生态补偿制度方面，深圳根据生态系统服务价值、生态保护成本、发展机会成本，综合运用行政手段和市场手段，调整生态环境保护和建设相关各方之间的利益关系，按照新时代生态补偿机制的新要求，先后在大鹏半岛、深圳水库核心区稳步推进生态补偿试点，并取得了良好的发展成效。在生态修复制度方面，深圳开展全方位、全地域、全过程生态保护修复，运用现代生态学、资源经济学、环境科学的理论和方法，在更好地利用自然资源的同时，深入认识和掌握污染和破坏生态环境的根源和危害，有计划地保护生态环境，预防生态环境质量恶化，控制生态环境污染，促进人类与生态环境协调发展。

三　坚持领导挂帅确保贯通末端

关于生态文明建设考核和指标体系的实践探索与理论研究在各地都有持续推进，最初是一些地方与学者或研究部门结合，根据本地的特点，而制定生态文明指标体系，各有特点。2008 年 7 月，中共中央编译局课题组公布了由其和厦门市委、市政府共同研究制定的《生态文明建设（城镇）指标体系》，这是国内出台的第一个生态文明指标体系。2008 年 10 月，贵阳市发布《贵阳市建设生态文明城市指标体系及监测方法》，该指标体系对西部地区乃至全国很多城市的生态文明城市建设具有示范和先导作用。一些城市结合生态文明城市建设规划的编制，制定了本市的生态文明建设指标体系，如无锡、张家港、杭州、江阴、韶关、丽水、常熟、昆山、江阴、江宁等。各市的生态文明指标体系因城市发展的特点不同而各有差异，各具特色。从上述城市生态文明建设指标体系的实践来看，很多版本过于偏重生态环境方面的建设，而对经济、民生、文化、社会进步和制度保障等方面的指标考虑得不够深入，指标体系缺乏全面性和系统性，难以把生态文明的内涵和基本特征很好地量化表现出来，未能较好地达到促进经济、资源、环境、人口、社会全面协调发展的生态文明建设目的。也正是因为指标体系的不完善，直接导致了生态文明建设考核制度的缺陷。

直至 2018 年 5 月 18 日全国生态环境保护大会上，习近平总书记指出："要建立科学合理的考核评价体系，考核结果作为各级领导班子和领导干部奖惩和提拔使用的重要依据。要实施最严格的考核问责。'刑赏之本，在乎劝善而惩恶。'对那些损害生态环境的领导干部，只有真追责、敢追责、严追责，做到终身追责，制度才不会成为'稻草人'、'纸老虎'、'橡皮筋'。有些地方生态环境问题多发频发，被约谈、被曝光，当地党政负责人不但没受处罚，反倒升迁了、重用了，真是咄咄怪事！这种事情决不允许再发生！要狠抓一批反面典型，特别是要抓住破坏生态环境的典型案例不放，严肃查处，以正视听，以儆效尤。"鉴于此，深圳市委市政府创新生态文明建设目标责任与考核制度，通过完善生态文明绩效评价考核制度、落实生态文明责任追究制度、探索自然资源资产审计制度，把生态文明建设和环境保护的责任分解落实到位。

深圳实践表明，生态环境质量能否改善，关键在领导干部。其他地区的发展事实表明，一些重大生态环境事件背后，往往存在一些地方环保意识不强、履职不到位、执行不严格问题，领导干部不负责任、不作为问题，执法监督作用发挥不到位、强制力不够问题。深圳实践表明，生态文明指标体系是对生态文明建设进行准确评价、科学规划、定量考核和具体实施的依据。生态文明指标体系不仅可以在操作层面上帮助人们理解什么是生态文明的具体表现，而且可以使决策转向人与自然和谐的方向，对促进经济、资源、环境、社会和人口的协调发展起导向作用。构建生态文明指标体系是测度生态文明状态、考核生态文明建设绩效和对生态系统平衡进行预警的重要步骤。深圳实践表明，建设生态文明是一个动态、综合的社会实践过程。不能把它简单地停留在理论层面，而要把科学理论转化为具体的实践。因此，必须通过对生态文明建设的重点任务进行量化，使人们对生态文明建设看得见摸得着，不断使科学理论逐步拓展为具体的现实体现。深圳实践表明，生态文明建设要有一个科学的评价与监控标准体系。把建设生态文明的各项任务进行主体指标化，使目标明确，可以把生态文明建设摆在更加突出的地位，同时也为组织和领导生态文明建设以及考核各级党政领导班子绩效状况提供客观真实的评价依据，并着力实现生态文明建设的指标化、制度化、自觉化、长效化。

四　明确政府职能健全调控机制

随着社会主要矛盾的转变，主要任务与发展目标也要随之调整。当前，对清新的空气、蔚蓝的天空等优质生态产品的需求正在加速放大，这就要求我们要着力解决土壤、空气、水污染等生态环境问题。生态环境问题绝大多数属于公共领域，如果政府不加管制，大部分企业不会自发、自愿地承担排放污染物对环境造成的损害，也不会主动采取污染防治与治理措施，对生态环境的破坏和污染很难得到有效制止。因此，环境污染问题很难在市场自发调节下得到有效解决，需要以政府为主导，通过宏观调控手段解决市场失灵问题。

蓝天、绿水、垃圾处理及噪声管理是一项社会工程、系统工程、文明工程、基石工程，具有明显的公共产品属性特征，容易产生"公地悲剧"。因此在提供优势的生态环境"产品"的过程中，不能操之过急，也不能长久等待，必须引入全生命周期的系统性思维方式，探索多方合力，解决生态环境产品供给中的市场失灵问题。供给高质量生态环境"产品"是一项事务工作，具有广泛性特征，需要因地制宜且简便易行。在推进生活垃圾分类过程中，深圳根据市民生活习惯、垃圾成分、末端处置设施等城市发展实际，让广大市民在最短的时间里懂得为何分、怎么分。供给高质量生态环境"产品"是一项做人的工作，具有艰巨性特征，需要人人担责且强制落实。在解决生活噪声问题上，深圳将抓责任落实作为关键，规避责任落实真空地带与"越俎代庖"。供给高质量生态环境"产品"是一项社会治理工作，具有复杂性特征，需要政府推动、企业参与、社会协同。在推进水污染治理方面，深圳在"民间河长"与"官方河长"间形成良性互动，扭住多方主体合力推进水污染防治"牛鼻子"。供给高质量生态环境"产品"是一项长期工作，具有持久性特征，需要重在行动贵在坚持。在推进空气质量优化提升方面，深圳以盐田为试点持续开展碳币交易，将经济利益驱动与制度约束有效结合，引导大众心理逐步从"不关我事""我不管"到"我要管""我管好"的根本转变。

切实解决生态环境保护的矛盾与问题，是一项长期而艰巨的任务；生产建设和生态平衡之间的关系是否协调，是经济建设中的战略性问题。深圳深刻认识保护生态环境的重要性，在发展生产的过程中搞好生态环境保护，保护生态环境也要促进生产发展，实现生态文明建设与经济发展的统一，在社会主义现代化建设的过程中，为人民创造一个美好的环境。一方面将绿色发展作为转变经济发展方式的重要手段，作为推进生态文明建设的根本措施，壮大绿色环保产业，加快解决风、光、水电消纳问题，加大城市污水管网和处理设施建设力度，促进资源节约和循环利用，多管齐下，彻底整治环境污染。另一方面努力提高生态文明水平，切实解决影响科学发展和损害群众健康的突出环境问题，加强体制机制创新和能力建设，深化主要污染物总量减排，努力改善环境质量，防范环境风险，全面推进环境保护历史性转变，积极探索代价小、效益好、排放低、可持续的环境保护新道路，加快建设资源节约型、环境友好型社会。

五 发挥市场作用维持动态平衡

宏观调控虽然可以解决市场失灵、公共产品等问题，但是市场自发调节才是矛盾解决的有效、持续动力。单一或过度依赖宏观调控手段解决经济增长过程中的环境问题，势必会受制于资金、理念、技术等因素，使得治理效果无法达到预期目标。深圳在环境治理过程中，采取政府支持和社会资本合作的方式，充分发挥市场在资源配置中的决定性作用，实现了"专业人做专业事"，推动生态质量与经济增长间的稳态维持。

在深圳已录入全国 PPP 监测服务平台重点推进的项目中，有三项与生态环境相关。深圳市光明新区海绵城市建设 PPP 试点项目，属于新建和存量类 PPP 项目，项目总投资 158200 万元，采用竞争性谈判式选择社会资本方，投融资结构本项目要求社会资本与政府出资代表联合组建的项目公司实缴注册资金 5 亿元，其中成交社会资本出资 51%（2.55 亿元），新区管委会委托新区建设发展集团有限公司代政府出资 49%（2.45 亿元）。同时，新区财政统筹安排 2 亿元直接补贴，用于光明新区水质净化厂改扩建工程。剩余资金由项目公司通过银行贷款、股东借款等途径筹集。光明环境园，属于新建类 PPP 项目，项目总投资 70819.12 万元，拟建设 1000 吨/天的餐厨垃圾处理设施，配建各 100 吨/天的废旧家具、绿化垃圾处理建筑物，配建 1500 平方米的生活垃圾强制分类科普教育基地，采用 BOT 运作模式，以可行性缺口补助为回报机制。固戍水质净化厂二期工程项目，属于新建类 PPP 项目，项目总投资 146191.73 万元，采用公开招标方式选择社会资本方，在项目建设与运营阶段政府出资 7926.904 万元，社会出资 31707.616 万元，回报机制为完全政府付费，项目选址位于宝安区西乡街道，建设规模为 32 万吨/日，出水水质主要指标达到《地表水环境质量标准》（GB 3838—2002）Ⅳ类标准。

PPP 作为一种新生事物，政府和社会资本也都是摸着石头过河。为保证项目顺利落地实施，深圳市政府将发力点放在夯实前期工作基础上，设计合理的交易结构、风险分配机制、投资回报和绩效考核等核心边界条件的有效设定，规避项目实施过程中出现推诿扯皮或反复变更扯皮，确保"引资""引智""引制"效果。仍然以深圳市光明新区海绵城市建设 PPP 试点项目为例，通过采用竞争性磋商的方式规范采购程序，通过引入社会资本投资建设平滑政府支出责任，通过社会资本引入先进的海绵城市技术，呈现五种交易模式，包含"1＋10"共四类 11 个子项目。

第三节 "深圳经验"是对习近平生态文明思想的践行与丰富

突破增长与生态矛盾的深圳经验表明，习近平生态文明思想是对工业文明的反思与超越，既是对自然规律的遵循，也是对经济社会历史的回应，更是对科学发展规律的尊重。深圳摒弃粗放的经济发展方式，坚持从实际出发推动经济社会绿色发展、绿色超越、绿色蝶变、绿色引领，具有时代性、务实性、包容性、示范性作用，使得城市发展韧性得到了有效提升。从理论价值上看，深圳践行习近平生态文明思想，坚持从顶层设计出发、坚持用好系统工程方法论、坚持建立健全生态文明制度体系、坚持实行最严格的制度和最严密的法制，展示了社会主义制度的优越性，也为统筹叠加资源优势、发展优势、制度优势，协同推进生态文明与绿色发展，有效解决错综复杂的生态环境问题及为生态文明建设提供最可靠的保障，奉上了具有深圳特点和印记的"教科书"，深化与拓展了资源约束下的可持续发展理论。

一 从顶层设计出发，有效统筹资源优势、发展优势、制度优势

习近平生态文明思想强调尊重自然规律、经济规律和社会规律，为中国各地区正确发挥自身优势和加快发展提供了基本遵循。深圳践行习近平生态文明思想、突破生态质量与经济增

长矛盾的实践充分证明，实现经济社会长期可持续协调发展必须立足自身发展基础，坚持从实际出发谋划发展思路、思考发展方案、谋划发展战略，扎实推进生态文明建设的顶层设计。之所以要以顶层设计为出发点，原因在于生态文明建设是涉及经济社会发展各方面的系统性工程，需要制订科学的发展规划、强化制度支撑、增强生态意识。

深圳在统筹环境资源、经济社会、制度创新实现优势叠加的经验表明，需要坚持规划引领、政府统筹、企业主体、各界参与的原则，将生态空间、生态资源、生态设施、生态产业、生态产权、生态制度、生态交易、生态补偿、生态文化、生态考核、生态立法、生态执法等充分结合，保证生态文明建设工作的全面性、系统性、延续性，避免片面性、零散性、临时性；需要坚持用改革的力度、改革的思路突破生态质量与经济增长矛盾的制度障碍，着力构建源头严防、过程严管、结果严惩的体制机制，守住发展和生态底线；需要坚持多渠道、多方位、多主体对生态文明建设进行氛围营造，以大力宣推的方式实现软环境的配合和共同发挥作用，不仅可以增强民众参与生态基础设施建设的积极性，还可以有效地吸引国内外绿色经济、生态资源、节能环保等要素的流入；需要坚持生态投入和生态产出的平衡与协调，既要通过合理区分生态补偿机制的层次并分级负责，强化政府资金和生态专项资金的作用，发挥导引作用，又要创新投融资机制，激发社会资本的参与积极性，推动生态修复市场化、产业化应用，多渠道筹备生态建设资金。

深圳从顶层设计出发释放资源优势、发展优势、制度优势统筹叠加效应，很好地保证了城市规划与生态规划的耦合，有序推进生态环境改善、经济社会发展和生产生活间的平衡，有效验证了生态文明建设的路径选择，为深圳在生态文明建设中发挥先行示范作用提供了有力的制度机制保障。

二　用好系统工程方法论，协同推进生态文明与绿色发展

"生态兴则文明兴，生态衰则文明衰。"习近平总书记 2014 年 2 月 25—26 日在北京市考察工作时的讲话中强调"环境治理是一个系统工程，必须作为重大民生实事紧紧抓在手上"①。系统工程是组织管理的技术，是"组织管理'系统'的规划、研究、设计、制造、试验和使用的科学方法，是一种对所有'系统'都具有普遍意义的科学方法"②。必须以系统工程思路切实推进生态文明建设、推进绿色发展，为实现人民富裕、国家富强、中国美丽、人与自然和谐，实现中华民族永续发展的目标不懈努力。要按照系统工程的思路，抓好生态文明建设重点任务的落实，切实把能源资源保障好，把环境污染治理好，把生态环境建设好，为人民群众创造良好的生产生活环境。深圳奇迹得益于以系统工程思路切实推进生态文明建设、推进绿色发展。在深刻认识生态环境保护面临的形势、深入贯彻习近平生态文明思想过程中，深圳积极推动城市绿色发展方式和生活方式，坚决打赢蓝天保卫战，着力打好碧水保卫战，扎实推进净土保卫战，加快生态保护和修复，改革完善生态环境治理体系。

深圳的绿色发展实践是将生态文明建设，融入经济、政治、文化、社会建设各方面和全过程的全新发展实践。绿色生态环境是协调人类与自然环境的关系，以保证自然环境与人类社会的共同发展。深圳经验表明一切活动都要首先考虑生态环境的承载能力，各个系统的运行要服从于生态系统不遭到破坏、以实现生态平衡并不断改善生态环境的要求，生态优先要求牢固树立生态红线观念、加大生态环境保护力度、建立健全资源生态环境治理制度。绿色经济是指基于可持续发展思想产生的新型经济发展理念，致力于提高人类福利和社会公平。深圳经验正是生态经济发展的经验，既包含传统产业的生态化，也包括生态环境保护的产业化。建立健全以产业生态化和生态产业化为主体的生态经济体系，按照节约资源、保护环境、维护生态安全的总体要求，壮大节能环保产业、新能源产业、智能网联汽车产业，实现经济社会发展与资源环境的良性循环。大力发展生态经济，既可以为生态文明建设提供有力的产业基

---

① 朱竞若等：《奋力开创首都发展更加美好的明天（沿着总书记的足迹·北京篇）》，《人民日报》2022年6月27日第1版。

② 钱学森、许国志、王寿云：《组织管理的技术——系统工程》，《上海理工大学学报》2011年第6期。

础和技术支撑，也能拉动投资、消费需求并增加就业机会；支持节能环保、生物技术、信息技术、智能制造、高端装备、新能源等新兴产业发展；发展绿色金融，把自然优势转化为产业优势，把生态优势转变为发展优势，按照社会化生产、市场化经营方式，实现自然价值和自然资本保值增值，实现经济社会生态效益有机统一。绿色政治是指政治生态清明，从政环境优良。深圳经验表明绿色政治生态能够极大地促进社会生产力的发展，最终实现绿色政治生态的巨大效能。深圳建立责任追究制度，强调资源环境是公共产品，对其造成损害和破坏必须追究责任。对那些不顾生态环境盲目决策、导致严重后果的领导干部，必须追究其责任，而且应该终身追究。要对领导干部实行自然资源资产离任审计，建立生态环境损害责任终身追究制。绿色文化是人与自然和谐相处、共进共荣共发展的生活方式、行为规范、思维方式以及价值观念等文化现象的总和。深圳经验表明只有通过确立生态文明理念，改变人们的价值观念，建立生态文化体系，采取切实的行动，加强生态治理，才能克服生态危机，维护生态安全，实现人与自然的和谐。绿色社会成为一种极具时代特征的历史阶段，辐射渗入经济社会的不同范畴和各个领域，实现全面、协调、可持续发展。深圳经验表明环境就是民生，青山就是美丽，蓝天也是幸福。这既是我们党以人为本、执政为民理念的具体体现，也是对人民群众生态产品需求日益增长的积极回应，还是提高人民福祉，建设美丽中国、幸福中国的目的之所在。我们应当坚持以人为本的原则，坚持在生态建设中改善民生，在改善民生中保护生态环境，推进生态城市、生态社区建设，建设并保护森林、湿地等生态系统；持续推进天然林保护、沿海防护林建设、野生动植物保护、自然保护区建设和防沙治沙工程，不断提高森林覆盖率和蓄积量；健全灾害预警和防治系统，减轻各种灾害造成的人民生命财产损失，使人民安居乐业。

三　建立健全生态文明制度体系，有效解决生态环境问题

　　建设和完善系统完整的生态文明制度体系，是新时代中国特色社会主义解决错综复杂的生态环境问题、化解现阶段中国社会主要

矛盾的现实需要，更是以人民为中心的根本价值追求，同时也是承担参与国际环境治理的发展中大国责任所驱。不同于西方发达国家在实现高度发达的工业文明之后走生态现代化道路，中国是在建设工业文明的进程中严肃正视并主动解决生态环境问题，坚持正确义利观和"共同而有区别的责任"原则，积极参与和引导应对全球气候变化国际合作，倡议建构全球能源互联网，为维护全球生态安全添砖加瓦、出力献策。

由于经济社会发展不平衡、不协调、不可持续的问题仍然突出，多阶段、多领域、多类型生态环境问题交织，生态环境与人民群众需求和期待差距较大，环境污染和生态破坏日趋严重，环保形势更趋复杂严峻。深圳实践表明，推动系统完整、健全完善的生态文明制度体系建设，可使得人民群众所处的生态环境呈现"最公平的公共产品""最普惠的民生福祉"的良好状态，可以更好地满足人民群众对美好生活的向往。

由于环境保护和生态治理已经成为现代国家治理的重要内容，环境治理科学化、制度化、规范化是执政党环境治理能力现代化的客观要求。深圳实践表明，建设科学规范的生态文明制度体系，大力推进生态文明建设体制机制改革，实行最严格的生态环境保护制度，才能有力破除"唯GDP"发展观和政绩观，把"保护生态环境就是保护生产力、改善生态环境就是发展生产力"的生态理念深刻落实到生态文明治理实践中。

由于生态文明制度体系必须贯穿环境公平公正原则，反映不同社会群体参差多态的环境需求，保障社会基本环境公平公正，协调和促进环境利益与风险的合理分配。深圳实践表明，建设民主公正的生态文明制度体系，是多元利益主体积极参与环境治理、实现公民环境权的有效保障。2012—2021年，深圳大力建设民主公正的生态文明制度体系，为政府、企业、公众、环境公益组织等多元利益主体协商共治环境生态难题提供制度性保障，引导政府、市场和社会"三驾马车"推动环境多元共治，构建以政府为主导、以企业为主体、社会组织和公众共同参与的环境治理体系格局，有效矫正往昔的整体性生态欠债和局部性生态不公。

四　以法治精神实行最严格的生态环境保护制度，为生态文明建设提供可靠保障

生态文明建设是一场涉及生产方式、生活方式、思维方式和价值观念的深刻变革，必须依靠制度和法治才能实现这样的根本性变革。深圳以法治精神实行最严格的生态环境保护制度，强调以科学立法为前提、严格执法为关键、公正司法为保障、全民守法为基础，推进生态文明治理体系和治理能力的现代化。

深圳始终坚持法制化管理理念，充分利用人大立法权，在发展循环经济、推进节能减排和资源综合利用、生态保护与修复、污染鉴定与评估等方面出台大量的法律法规、规章制度、管理办法、政策性文件等。通过设立生态红线，形成生态环境保护的刚性约束；通过推行 GDP 与 GEP 双轨制核算，改革完善经济社会发展考核评价体系；通过实行自然资源资产离任审计，建立领导干部任期生态文明建设责任制；通过编制沙滩、红树林、珊瑚礁资源生态修复管理办法，建立健全海洋资源生态环境治理制度；通过建立反映市场供求与交易价格实际、资源稀缺与丰裕程度、生态价值与代际补偿可行性的资源有偿使用制度，强化制度约束作用；通过建设国土空间开发保护制度，强化水、大气、土壤等污染防治制度；通过以信息化、数字化、智能化手段推进资源环境承载力跟踪评价，建立智慧环保监测预警机制。上述深圳经验表明，生态环境保护是一个长期性问题，必须以一个稳定的制度框架和法律体系为支撑，单靠突击整治等运动式手段是无法取得满意效果的。这一实践经验，再度验证与深化了生态文明建设常态化推进需要实行最严格的制度和最严密的法治。

参考文献

车秀珍、邢治、陈晓丹:《深圳生态文明建设之路》,中国社会科学出版社 2018 年版。

车秀珍、钟琴道、王越等:《以制度创新推动绿色发展:生态文明建设考核深圳模式的创新与实践》,科学出版社 2019 年版。

关成华、韩晶:《中国城市绿色竞争力指数报告》,经济日报出版社 2020 年版。

李红梅:《中国特色社会主义生态文明建设理论与实践研究》,人民出版社 2017 年版。

李霞、闫枫、朱鑫鑫编著:《金砖国家环境管理体系与合作机制研究》,中国环境出版社 2017 年版。

刘希刚、徐民华:《马克思主义生态文明思想及其历史发展研究》,人民出版社 2017 年版。

唐杰、叶青等:《中国城市可持续发展模式研究:深圳绿色低碳实践》,东北财经大学出版社 2019 年版。

王东、郑磊:《高质量绿色发展:深圳的创新之路》,东北财经大学出版社 2021 年版。

熊思勤、高红:《绿色金融发展研究:以深圳市为例》,北京大学出版社 2018 年版。

中共中央文献研究室编:《习近平关于社会主义生态文明建设论述摘编》,中央文献出版社 2017 年版。

本刊编辑部:《新时代 新使命 新思想 新征程——聚焦党的十九大报告新看点 开启新时代新征程》,《新长征》2017 年第 11 期。

陈建明：《习近平生态文明思想的历史逻辑与时代价值》，《河南社会科学》2020 年第 2 期。

陈文：《越南经济发展中的环境问题》，《东南亚纵横》2003 年第 8 期。

邸乘光：《论习近平新时代中国特色社会主义思想》，《新疆师范大学学报》（哲学社会科学版）2018 年第 2 期。

邸乘光：《习近平治国理政思想的科学体系及基本内涵》，《新疆师范大学学报》（哲学社会科学版）2017 年第 1 期。

段蕾、康沛竹：《走向社会主义生态文明新时代——论习近平生态文明思想的背景、内涵与意义》，《科学社会主义》2016 年第 2 期。

高明、廖小萍：《大气污染治理政策的国际经验与借鉴》，《发展研究》2014 年第 2 期。

洪大用：《经济增长、环境保护与生态现代化——以环境社会学为视角》，《中国社会科学》2012 年第 9 期。

洪银兴、刘伟、高培勇等：《"习近平新时代中国特色社会主义经济思想"笔谈》，《中国社会科学》2018 年第 9 期。

胡伯项、艾淑飞：《习近平以人民为中心的发展思想探析》，《思想教育研究》2017 年第 1 期。

蒋细定：《菲律宾生态环境恶化问题》，《南洋问题研究》1991 年第 3 期。

解磊：《实现经济发展与环境保护共赢的途径探索》，《现代经济信息》2013 年第 1 期。

李捷：《习近平新时代中国特色社会主义思想对毛泽东思想的坚持、发展和创新》，《湘潭大学学报》（哲学社会科学版）2019 年第 1 期。

李全喜：《习近平生态文明建设思想的内涵体系、理论创新与现实践履》，《河海大学学报》（哲学社会科学版）2015 年第 3 期。

李昕、曹洪军：《习近平生态文明思想的核心构成及其时代特征》，《宏观经济研究》2019 年第 6 期。

梁仲明：《论习近平新时代中国特色社会主义思想——中华民族伟大复兴的行动指南》，《党政研究》2017 年第 6 期。

林莎、金盛红：《生态文明的经济发展方式：生态文明建设理论的一个重要命题》，《南京林业大学学报》（人文社会科学版）2008 年第 8 期。

刘波：《习近平新时代文化自信思想的时代意涵与价值意蕴》，《当代世界与社会主义》2018 年第 1 期。

刘海霞、王宗礼：《习近平生态思想探析》，《贵州社会科学》2015 年第 3 期。

刘经纬、刘晓雪：《习近平生态文明思想的逻辑意蕴》，《理论探索》2021 年第 4 期。

刘磊：《习近平新时代生态文明建设思想研究》，《上海经济研究》2018 年第 3 期。

刘明福、王忠远：《习近平民族复兴大战略——学习习近平系列讲话的体会》，《决策与信息》2014 年第 1 期。

刘希刚、王永贵：《习近平生态文明建设思想初探》，《河海大学学报》（哲学社会科学版）2014 年第 4 期。

莫纪宏：《论习近平新时代中国特色社会主义生态法治思想的特征》，《新疆师范大学学报》（哲学社会科学版）2018 年第 2 期。

裴长洪、李程骅：《习近平经济思想的理论创新与实践指导意义》，《南京社会科学》2015 年第 2 期。

戚长春：《论新时代生态文明思想的背景、内涵与价值》，《哈尔滨市委党校学报》2021 年第 6 期。

乔永平：《生态文明视域下的生态现代化：成功经验、局限性及启示》，《生态经济》2014 年第 5 期。

秦书生、杨硕：《习近平的绿色发展思想探析》，《理论学刊》2015 年第 6 期。

沈红芳：《菲律宾拉莫斯政府的经济改革及其成效》，《世界经济与政治》1997 年第 12 期。

宋献中、胡珺：《理论创新与实践引领：新时代生态文明思想研究》，《暨南学报》（哲学社会科学版）2018 年第 1 期。

孙林、康晓梅：《生态文明建设与经济发展：冲突、协调与融合》，《生态经济》2014 年第 10 期。

孙智帅、孙献贞：《环境治理的国际经验与中国借鉴》，《青海社会科学》2017 年第 3 期。

谭文华：《论新时代生态文明思想的基本内涵及时代价值》，《社会主义研究》2019 年第 5 期。

田鹏颖、张晋铭：《人类命运共同体思想对马克思世界历史理论的继承与发展》，《理论与改革》2017 年第 4 期。

汪信砚：《习近平新时代中国特色社会主义思想的哲学基础研究述评》，《武汉大学学报》（哲学社会科学版）2018 年第 2 期。

王金南、苏洁琼、万军：《"绿水青山就是金山银山"的理论内涵及其实现机制创新》，《环境保护》2017 年第 11 期。

王骏：《论习近平新时代中国特色社会主义思想的两大架构》，《探索》2017 年第 5 期。

王铁柱：《习近平生态文明思想的理论创新》，《理论导刊》2021 年第 2 期。

王伟光：《当代中国马克思主义的最新理论成果——习近平新时代中国特色社会主义思想学习体会》，《中国社会科学》2017 年第 12 期。

王伟光：《马克思主义中国化的当代理论成果——学习习近平总书记系列重要讲话精神》，《中国社会科学》2015 年第 10 期。

王友明：《巴西环境治理模式及对中国的启示》，《当代世界》2014 年第 9 期。

王禹、李哲敏等：《泰国农业发展现状及展望》，《农学学报》2017 年第 11 期。

魏华、卢黎歌：《新时代生态文明思想的内涵、特征与时代价值》，《西安交通大学学报》（社会科学版）2019 年第 3 期。

项目综合报告编写组：《〈中国长期低碳发展战略与转型路径研究〉综合报告》，《中国人口·资源与环境》2020 年第 11 期。

肖贵清：《习近平新时代中国特色社会主义思想的重大意义》，《中共中央党校学报》2017 年第 6 期。

辛向阳：《深刻把握习近平新时代中国特色社会主义思想的精髓要义与鲜明特征》，《中共杭州市委党校学报》2017 年第 6 期。

杨西：《环境保护与拉丁美洲》，《拉丁美洲研究》1992 年第 3 期。

姚修杰：《新时代生态文明思想的理论内涵与时代价值》，《理论探讨》2020 年第 2 期。

叶琪、黄茂兴：《习近平生态文明思想的深刻内涵和时代价值》，《当代经济研究》2021 年第 5 期。

张文显：《习近平法治思想的理论体系》，《法制与社会发展》2021 年第 1 期。

张文显：《习近平法治思想研究（中）——习近平法治思想的一般理论》，《法制与社会发展》2016 年第 3 期。

张文显：《新思想引领法治新征程——习近平新时代中国特色社会主义思想对依法治国和法治建设的指导意义》，《法学研究》2017 年第 6 期。

赵付科、孙道壮：《习近平文化自信观论析》，《社会主义研究》2016 年第 5 期。

赵细康、何满雄：《习近平生态文明思想的逻辑体系》，《广东社会科学》2022 年第 2 期。

周宏春、江晓军：《新时代生态文明思想的主要来源、组成部分与实践指引》，《中国人口·资源与环境》2019 年第 1 期。

周立志、张鹏飞等：《南非碳中和实现路径及减排措施研究》，《全球能源互联网》2022 年第 1 期。

周生贤：《走向生态文明新时代——学习习近平同志关于生态文明建设的重要论述》，《求是》2013 年第 17 期。

周雯雯、林美卿、赵金科：《论习近平"人类命运共同体"思想的科学内涵和重大意义——基于马克思主义理论视角》，《理论导刊》2017 年第 1 期。

朱小姣、张小虎：《南非矿业的环境法律规制与风险分析》，《非洲研究》2018 年第 2 期。

张瑞才：《习近平新时代中国特色社会主义思想的理论渊源、时代背景、科学内涵》，《学术探索》2017 年第 12 期。

［日］坂井宏光等：《泰国的环境保护与环境技术转让》，《南洋资料译丛》2000 年第 1 期。

习近平：《共谋绿色生活，共建美丽家园》，《人民日报》2019 年 4 月 29 日。

习近平：《共同构建人类命运共同体》，《人民日报》2017 年 1 月 20 日。

习近平：《决胜全面建成小康社会　夺取新时代中国特色社会主义伟大胜利》，《人民日报》2017 年 10 月 19 日。

程焕、苏滨：《共同构建人与自然生命共同体》，《人民日报》2021 年 7 月 27 日。

顾昭明：《答好新时代生态文明建设的历史性考卷》，《光明日报》2019 年 1 月 7 日。

黄守宏：《生态文明建设是关乎中华民族永续发展的根本大计》，《人民日报》2021 年 12 月 14 日。

蔡碧：《习近平"中国梦"思想研究》，硕士学位论文，河南大学，2014 年。

曹万林：《生态现代化动力机制研究》，博士学位论文，东北财经大学，2015 年。

陈旭：《习近平新时代人类命运共同体思想实践价值研究》，博士学位论文，吉林大学，2019 年。

邓丽君：《新时代中国共产党生态文明建设的理论构建与实践探索研究》，博士学位论文，西北大学，2021 年。

丁汉文：《资本主义的生态批判与生态社会主义的理论构建》，博士学位论文，吉林大学，2018 年。

黑晓卉：《习近平生态文明思想研究》，博士学位论文，西安理工大学，2019 年。

李海晶：《习近平的传统文化观研究》，博士学位论文，南昌大学，2016 年。

廖婧：《欧洲生态社会主义研究》，博士学位论文，吉林大学，2018 年。

刘涵：《习近平生态文明思想研究》，博士学位论文，湖南师范大学，2019 年。

陆波：《当代中国绿色发展理念研究》，博士学位论文，苏州大学，2017 年。

马德帅：《习近平新时代生态文明建设思想研究》，博士学位论文，吉林大学，2019 年。

欧晓彦：《习近平改革思想研究》，博士学位论文，南昌大学，2016 年。

彭蕾：《习近平生态文明思想理论与实践研究》，博士学位论文，西安理工大学，2020 年。

汪炜：《东南亚"全球城市"环境治理的多层次国际合作研究》，博士学位论文，暨南大学，2019 年。

文雅：《流变、分野与实质——20 世纪 60 年代以来欧美环境思想研究》，博士学位论文，中国人民大学，2010 年。

杨帆：《人类命运共同体视域下的全球生态保护与治理研究》，博士学位论文，吉林大学，2020 年。

于德：《习近平精准扶贫思想研究》，博士学位论文，中共中央党校，2019 年。

张春晓：《生态文明融入中国特色社会主义经济建设研究》，博士学位论文，东北师范大学，2018 年。

张元硕：《论经济发展与环境保护的相互协调》，博士学位论文，对外经济贸易大学，2016 年。

张子玉：《中国特色生态文明建设实践研究》，博士学位论文，吉林大学，2016 年。

Jacqueline Madeleine Borel-Saladin, "The Green Economy: Incremental Change or Transformation?", *Ivan Nicholas Turok*, No. 4, 2013.

John Aloysius Zinda, Jun He, "Ecological Civilization in the Mountains: How Walnuts Boomed and Busted in Southwest China", *The Journal of Peasant Studies*, No. 5, 2020.

Luis A. Avilés, "Sustainable Development and Environmental Legal Protection in the European Union: A Model for Mexican Courts to Follow?", *Mexican Law Review*, No. 2, 2014.

Martin Janicke, Klaus Jacob, "Lead Markets for Environmental Innovations: A New Role for the Nation State", *Global Environmental Politics*, No. 1, 2004.

Nan Yingzi, Gao Yuying, "Statistical and Econometric Analysis of the Impact of China's Energy, Environment on the Economic Development", *Energy Procedia*, No. 5, 2011.

Ning Liu, Carlos Wing-Hung Lo, Xueyong Zhan, "Stakeholder Demands and Corporate Environmental Coping Strategies in China", *Journal of Environmental Management*, No. 1, 2016.

后　　记

　　肩负引领深圳全市社会科学发展使命的深圳市社会科学院（深圳市社会科学联合会）聚焦党的十八大以来深圳经济社会发展的重大理论和实践问题，组织编纂《深圳改革创新丛书》之《深圳这十年》特辑，策划了几个重大选题，并就书稿的研究编撰工作进行社会公开招标，这是本书产生的由头。我们以为，这是深圳社会科学联合会为推动社会科学理论工作者结合新的实践不断推进理论探索和创新，以优良的精神风貌迎接党的二十大召开。

　　在策划的几个重大选题里，我对深圳生态文明这一重大选题很感兴趣，所以沿着这一选题进一步思考，认为仅仅从环境角度去讨论深圳的生态文明建设意义不大，或者说，分析生态问题应该从引起生态问题的原因和生态问题的演变来说事，这可能更有意义，这便是经济发展原因。所以我计划从生态质量与经济增长的关系上进行研究。

　　从世界范围的广阔视野看，大多数的经济体在经济落后状态里，总体环境处于原生状态，由于经济活动数量较少、范围较小，即经济落后社会里人们的环境破坏力尚未形成，人与环境处于友好相处关系，生态质量依旧。进入工业化时期后，社会物质财富生产过程中需要的物质投入日益增多并加速增多，经济活动日益密集，人们的环境破坏力逐渐增强，环境受到的冲击越来越大，日积月累后生态质量不断下降，人与生态之间的和平共处关系不复存在，社会面临着物质财富多一点、环境质量低一些还是环境质量高一些、经济增长慢一些的抉择。几乎所有的国家都经历过或者正在经历着经济增长与环境质量的两难选择，陷入两难困境。

　　是否存在这样一条道路呢？也就是将生态质量与经济增长由矛

盾关系转变为协同关系，使得人们在享受物质生活改善的同时又能够有美好的环境相伴，社会既能获得高速的经济增长也能收获生态质量的提升。至今，大多数的发展中国家还没有找到，尽管它们做过很多尝试、做出过很多努力。

深圳的经济发展成就举世瞩目，同样有过高增长与坏环境的时期，但近些年来，尤其是过去十年里，环境质量大幅度提升，生态环境快速改善，人们能够明显地感受到生态质量与经济增长间协同的步伐。研究深圳，从分析城市个案中探寻能够启迪国内其他地区，进而也为仍然处在二者激烈冲突的经济体提供启发。

深圳生态质量与经济增长协同的实践和路径探索是在习近平生态文明思想的指引下进行的，这就构成了本书思想（理论）—行为—绩效—经验的研究范式。

在整个书稿的研究与文稿撰写过程中，我提出与设计研究思路、制定目标、实施步骤与分析框架，确定提纲和总体统筹。当然这部书稿是团队的集体智慧和艰辛努力的成果，研究与创作成员包括袁竑源、刘畅、杜亭亭、李璇、张欢、王沛尧。

袁竑源博士研究生协助我进行研究思路、目标、分析框架、提纲工作并承担了全文文字编辑调整优化，协助完成全书统稿工作，完成第一篇第三章和第二篇第四章的撰写。

刘畅博士负责课题申请的准备和申请书起草，参与研究思路、目标、分析框架、提纲讨论，细化第一篇第三章和第三篇提纲，推进研究与撰写工作并完成第三篇第八章的撰写。

李璇博士负责第二篇的研究与撰写工作推进并完成第二篇第六章的撰写；杜亭亭博士负责第一篇第一章、第二章的研究与撰写工作。张欢、王沛尧承担全书资料收集、整理与分析工作，张欢、王沛尧还分别撰写了第三篇第七章和第二篇第五章。

在党的二十大召开之际，我和我的团队的以上研究兴趣与深圳市社会科学联合会的重要学术安排刚好契合！《新时代生态文明思想的深圳实践与经验》成为七大选题中的一个，在公开招标中荣幸胜出，获得深圳市社会科学院的立项并资助。所以，非常感谢深圳市社会科学联合会！

　　由于中国社会科学出版社编辑的辛勤劳动与帮助，使得本书能够顺利出版，在此深表谢意！

袁易明

2022 年 8 月 15 日